初學者必備，[illegible]！

圖解日本酒入門

山本洋子

楓書坊

市面上的日本酒五花八門，該從何選起？

日本酒初學者 米
本名米子。
平常大多喝燒酎調酒和一點葡萄酒，大概只有在忘年會的時候喝過一點日本酒。沒有自己挑過酒。剛開始接觸日本酒的上班族，一個人住。
我完全搞不懂什麼是什麼……

挑選日本酒會很難嗎？

日本超市的酒類賣場可以看到各式各樣的日本酒，這些酒每一款都是獨一無二，而且冠上了「日本」的名號。從常出現在廣告上的紙盒裝日本酒，到玻璃瓶裝、小杯裝、罐裝，甚至是寶特瓶裝日本酒，款式琳瑯滿目。

商品這麼多，究竟該如何挑選？

事實上，日本酒的種類多到令人吃驚。日本酒的基本原料為米、米麴與水，而原料米、米的削磨方式、釀造方法、添加物的有無等因素，都會使味道產生截然不同的變化。

市面上有使用品質嚴格把關的米，悉心釀造的高級純米大吟釀；也看得到使用了米以外的添加物，著重CP值的合成清酒，種類不勝枚舉。

這些商品都冠上了相同的「日本酒」之名，因此會讓人在挑選時不知如何是好。

日本酒顧問　純
本名純子。
日本酒的問題就交給我！從插秧到釀造，鑽研酒米的一生已有25年，提倡「一天一合純米酒」。喜歡喝酒、寫作，有時也擔任日本酒的講師。
不用怕，我會逐一說明所有問題。
有氣泡、沒氣泡？
清淡、豐盈？
新酒、古酒？
生酒、原酒？
透明、混濁？
上撰、佳撰？
生酛、山廢？
甘口、辛口？
普通酒、合成清酒？

日本酒的世界博大精深

日本種植稻米的傳統，可以追溯到繩文時代。稻米在國土面積狹小的日本沒有出現連作障礙，而且能達到100%的自給率，可說是極為優秀的農產品。

用米釀成的日本酒不僅是祭典、儀式的要角，人生的重大時刻、喜慶場合及日常生活也少不了它。

不過，日本酒的地位產生了變化，現在愈來愈像是嗜好品，種類多到很難將市面上的商品一概以日本酒稱之。在日本酒的世界中，有甘口或辛口、酒精濃度高或低、口味清淡或豐盈、新酒或老酒、透明或混濁、有氣泡或沒有氣泡……等，樣貌、型態大異其趣的款式。

剛接觸日本酒的初學者，就像走進了大觀園，一開始難免會迷惘，不知道該挑哪款酒。以下就跟隨本書的腳步，學習如何找出適合自己的日本酒吧。

雖然都叫日本酒，原料與釀造方式卻大不相同

愈來愈多用心釀造的日本酒

在過去，用來釀日本酒的米種類十分有限。時至今日，各地都有了配合當地環境所開發，適合釀酒的品種，而且各有不同風味。

如果能知道釀酒的米是在什麼地方耕種，以哪種水、使用何種方式釀造，挑選日本酒時將更有樂趣。耕種稻米的農家、負責釀造的杜氏及藏人……當腦海中浮現這些相關從業人員的笑容，相信在挑選、品嘗日本酒時的感受也會有所不同。

日本酒整體的產量雖然在減少，但高品質的特定名稱酒等高級酒其實是微幅成長的。日本國內從新酒評鑑會，到SAKE COMPETITION之類品評日本酒的場合愈來愈多；國外同樣也會舉辦日本酒比賽，甚至有知名葡萄酒評論家為日本酒評分，引發了熱烈討論。此外，西班牙及美國也陸續出現了釀造日本酒的酒藏。

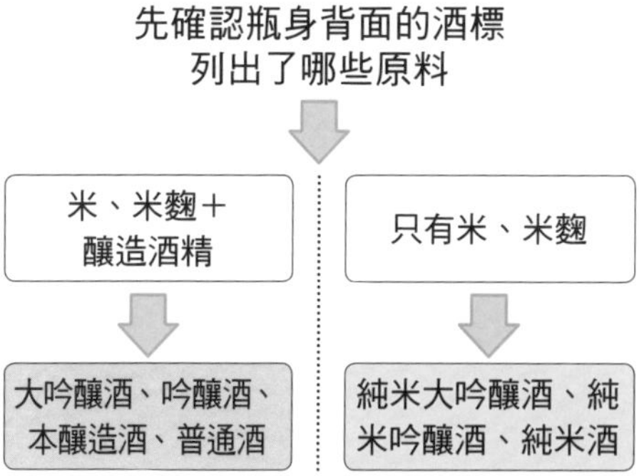

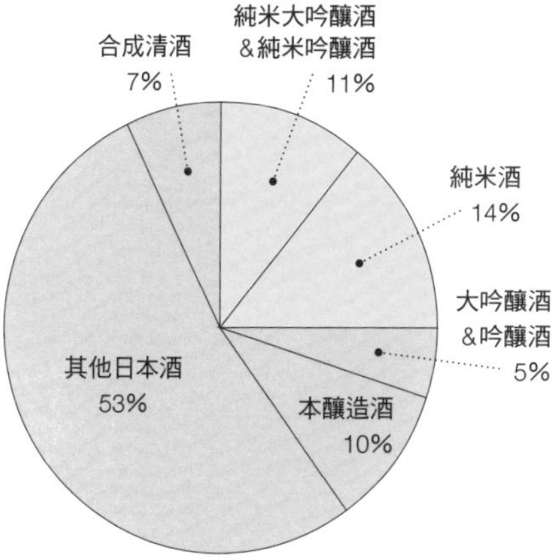

日本酒的種類與製造比例

※數字經過四捨五入。

參考／國稅廳《酒のしおり》2017年發行

留意酒標的原料標示

單以米、米麴、水，這三種原料釀成的酒稱為「純米」。由於完全使用日本產的原料，可說是名符其實的「日本」酒。不過，純米酒只占日本酒整體約25％。酒標上標示原料的地方，也常會看到「釀造酒精」這個名詞。所謂的釀造酒精並非釀造酒，而是指食用酒精，簡單來說就是類似燒酎的蒸餾酒。在原料中加入釀造酒精，是為了使口味清爽舒暢、襯托香氣，並穩定品質，連大吟釀酒及吟釀酒也會這樣做。市面上約75％的日本酒都有添加釀造酒精。釀造酒精是玉米之類的澱粉物質或甘蔗等含糖物質蒸餾而成，幾乎無味無臭。

日本酒的對外出口目前仍呈現成長，在世界各國正炙手可熱。這本書接下來就將教你如何避開地雷，挑到一款令自己滿意的日本酒。

純米酒連結了人與農田
領略水與米的美妙滋味

農民不辭辛勞，悉心耕種的稻米，
化作一滴滴美味的純米酒。

純米吟釀酒需要約2kg的糙米

農田約2坪 → 糙米約2kg → 純米吟釀酒1升（1.8ℓ）

假設一塊990㎡的農田可以收成6大袋（一大袋60kg）糙米。
一塊農田的收成量便是6×60kg＝360kg。

日本酒的原料為米、米麴、水

釀造一升瓶的純米吟釀酒（精米步合60％）需要約2公斤糙米。而要種出這麼多的糙米，則要有約2坪大的農田。

另外，釀酒的原料之中，水占了8成。日本的水幾乎都是軟水，不過，山間與村落的酒藏水質會有所不同，有的水比較偏硬，有的則是超軟水。

酒藏對水質最為敏感，這是因為水對於稻米的生長、酒的成品都會帶來複雜的影響，與酒的味道息息相關。

若想純粹品嘗一個地方的水與米，建議喝沒有添加其他酒精或糖類，僅以米、米麴、水釀造的純米酒。挑選酒標上原料標示為「米、米麴」的純米酒，便能完整、直接感受到土地的特色。

水田可以蓄積雨水，達到防洪的效果，
並發揮維持生物多樣性的作用。

田中常見的動物
青蛙、蜘蛛、蜻蜓、青鱂 、正顫蚓、田螺、泥鰍、東方白鸛、朱鷺等。

日本酒會是地球的救星嗎？

位在秋田縣，釀造日本酒「天の戶」的淺舞酒造，僅使用酒藏半徑5公里範圍內的米與水，釀造所有以米、米麴、水為原料的純米酒。杜氏（釀酒負責人）森谷康市連種稻也親力親為，他表示「我想把這裡的風景裝進酒瓶內」。稻米在農田接受在地水的滋潤，到了冬天又在酒藏與水交融，被釀成酒。這樣的日本酒就如同葡萄酒，從酒就能感受到一個地方的風土。風土是葡萄酒常用到的一個詞，意指培育葡萄的土壤及環境。森谷還提到，在進行減農藥栽培之後，田裡面重新出現了田螺，也開始有蜘蛛在稻子上結網捕捉獵物。

農田除了種植稻米外，對地方而言也扮演了重要的角色。遭逢大雨時，農田可以像水壩一樣承接雨水；另外也提供了田螺、泥鰍、青蛙棲身之處，並吸引捕食這些小動物的鳥類前來，逐步建立起生態系。

圖解 日本酒入門

從零開始！

第1章 認識日本酒就先從喝開始

第2章 如何在家享受日本酒

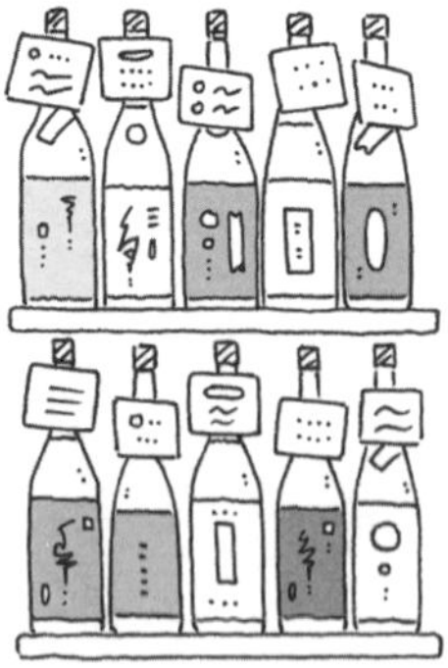

第3章 學會自己買日本酒

第4章 日本酒的疑問一次搞懂

第5章 日本酒主題之旅

資料篇

專欄

※本書介紹的日本酒及其他商品、酒藏或酒類專賣店之情報，為二〇一八年二月時之資訊，可能會受各種因素影響而有變動，敬請見諒。

第1章

認識日本酒就先從喝開始

多喝多比較，就會知道怎樣是好喝的酒

米　我幾乎沒喝過什麼日本酒……不知道該怎麼接觸這個領域。以前有喝過一次，聞起來就不喜歡，喝了一口以後覺得有奇怪的酸味。殘留在嘴裡的感覺也黏黏膩膩的，有夠難喝。所以我對日本酒完全沒有好印象。

純　真是不幸的經驗啊。不過這不是日本酒的問題，是妳喝到的那款酒有問題。妳喝的酒是哪一款呢？

米　呃……我喝的酒嗎？就日本酒啊……。

純　從高級的大吟釀酒，到被稱為經濟酒的普通酒，或是放了好幾種添加物的廉價合成清酒，這些都算日本酒喔。可是它們的**原料、釀造方法全都不一樣！**

米　日本酒還有分種類啊？那我喝的是……？貴的酒跟便宜的酒到底又有什麼不一樣呢？

純　要說日本酒有多難懂，已經可以用曲折離奇來形容了。日本酒和顏色、香氣都很明確的葡萄酒不一樣，每一款看起來都是透明的，難以從外觀判斷。既然妳對日本酒有不好的回憶，我建議先嘗試像香檳那樣有氣泡的日本酒，或是削去了高比例的糙米、口味優雅的純米大吟釀酒！沒有先喝喝看的話，是沒有辦法知道味道的。即使同一款酒，以不同溫度飲用，給人的印象也截然不同。**豐富多樣的面貌是日本酒的一大迷人之處**。

米　原來日本酒有這麼多種類啊……不過我對熱過的酒特別吃不消。在居酒屋點日本酒的話，裝在酒瓶裡的燗酒那個撲鼻而來的味道……我完全不行。

純　那是因為廉價居酒屋提供的燗酒大多是不怎麼樣的酒，所以更加不討喜吧。請記住，**「可以討厭不好的酒，但不要討厭所有的燗酒」**。放眼全世界，也只有日本酒有喝熱燗賞雪，一種酒可以用不同溫度品嘗的文化。如果不知道日本酒的世界如此美好，實在太可惜了。接下來我會好好介紹各種喝過了才會懂得其魅力的日本酒，一起來多喝多比較吧。一款日本酒到底好不好喝，還是要喝過才知道。不過，在那之前還是得說明，日本酒其實有各式各樣的種類。昂貴的大吟釀酒與廉價的合成清酒，味道可說是天壤之別。雖然每種日本酒都是透明無色，難以從外觀區別，不過近來也出現了會冒泡的氣泡日本酒；或像雪一樣的白酒；甚至有類似葡萄酒、威士忌那樣，經過長時間熟成，呈現琥珀色的日本酒！

米　哇！還有這種日本酒喔？人生要學的東西真是太多了。

純　那就跟我一起進入日本酒的世界吧！

第一步就從喝酒開始，盡量嘗試！
每款酒的鮮味與口感表現各有不同。
精米步合、熟成期間、飲用溫度、與下酒菜是否相搭……
日本酒的世界充滿了學問。
來，跟我走吧！
純米大吟釀酒
大吟釀酒
純米吟釀酒
吟釀酒
純米酒
老酒
……
有這麼多種啊？
看得眼花撩亂……
氣泡日本酒喝起來清新舒暢，
純米酒口味溫順豐潤，
經過2次火入處理的熟成酒
帶有明顯鮮味，
適合加熱成燗酒。
先試著喝喝看，
品嘗每款酒的滋味吧
我要全部喝透透！

第一杯先來喝顛覆你對日本酒印象的氣泡酒

純　這間日本酒專賣店各種日本酒應有盡有。那就來喝第一杯吧！首先要品嘗的是**順暢好入喉、會冒泡的氣泡酒**。今天總共要喝六種酒，因為妳酒量不是很好，我會倒在平杯裡讓妳每種各喝一點。日本酒和啤酒或葡萄酒不一樣，酒精濃度比較高，所以要少量地喝。喝了多少酒，就喝相同分量的水，可以避免酒醉造成身體不適，要把這一點記起來喔。

米　哇！這款酒沒有我以前喝日本酒時聞到的討厭氣味耶，而且還會冒泡泡呢。

純　趕快喝一口吧！

米　（咕嚕咕嚕）咦……哇！嘴巴裡有啵啵啵的氣泡，該說像高原上的風、還是海上吹來的風呢……重點是，沒有臭味！喝起來輕盈又帶有微甜滋味，這款酒感覺就像個又酷又漂亮的女生！

純　這種清爽暢快的口感，最適合日本酒初學者。酒精濃度低、喝起來酸酸甜甜的氣泡日本酒近來很受歡迎，在便利商店或超市也買得到。

米　原來如此啊……我以前一直想說反正都一樣難喝，所以沒買過……。看來日本酒也變了不少呢。

純　氣泡日本酒有的是**像香檳那樣經過瓶內二次發酵**，有的則是**事後才加入碳酸氣體**。燒酎調酒的風行讓日本酒近來也開始有樣學樣，市面上出現愈來愈多酒精濃度跟燒酎調酒差不多低的款式。

米　婚禮時用這種酒來乾杯似乎也不錯呢。

純　在某位酒藏主人的婚禮上，乾杯時用的就是氣泡日本酒。玻璃杯裡的酒帶有潔白澄澈的氣泡，而且是米釀成的，這樣的傳統日本味讓人好感動。

米　聽起來真是不錯，我的婚禮一定也要這樣！不過得先找到人跟我結婚……。

純　氣泡日本酒喝得到碳酸氣體，可以營造出歡慶氣氛，也能促進食慾，所以也有不少人在餐廳點來乾杯或當餐前酒。近來，山梨縣的酒藏「七賢」（山梨銘釀）推出了一款貯藏在威士忌桶，經過瓶內二次發酵的氣泡日本酒，讓香氣變得更豐富多樣。氣泡日本酒可以說是現在最夯的一種日本酒喔。

氣泡日本酒與一般日本酒的差別

瓶內二次發酵的氣泡日本酒在裝瓶之後，酵母依然活躍，會持續進行發酵。一般的日本酒在瓶內不會發酵。

剛裝瓶好後外觀上的差異

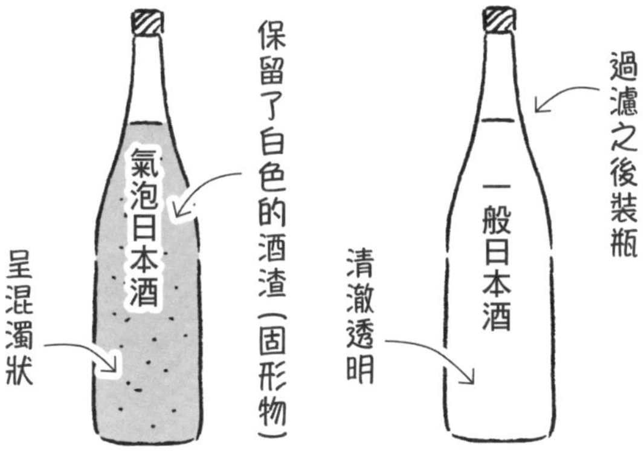

酵素與酵母在瓶內開始活動（瓶內二次發酵的酒）

酵素將米的澱粉逐步分解，變成細小的糖（葡萄糖）。

酵母吃進了葡萄糖，製造出酒精與碳酸氣體，形成氣泡酒。

由於酒瓶是密閉的，因此碳酸氣體會累積在瓶內，不會跑出來。

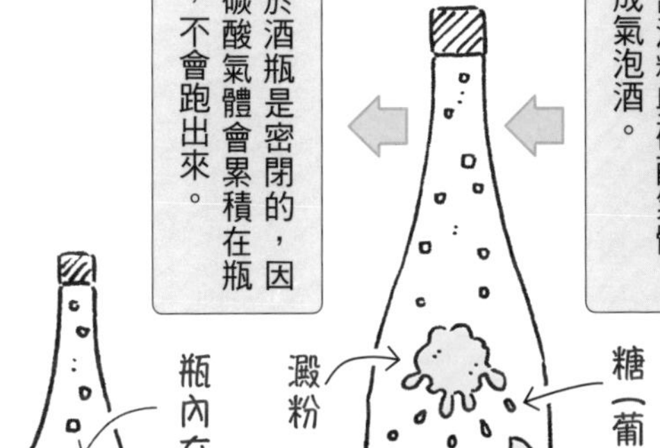
糖（葡萄糖）
酵母
分解為酒精與碳酸氣體
瓶內充滿了碳酸氣體

會有這些氣泡原來要歸功於酵母啊

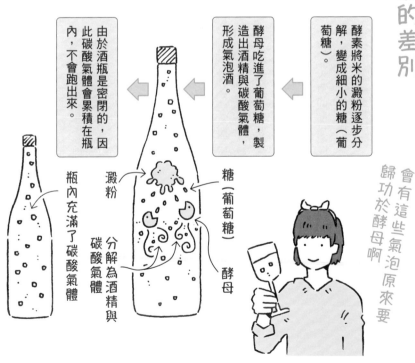

氣泡酒也有不同種類

純　有氣泡的日本酒大致可分為三種。一種是妳剛剛喝的瓶內二次發酵，帶有「酒渣」的酒。

米　什麼是「酒渣」啊？

純　就是酒裡面白色混濁的部分。日本酒是以米和米麴、水和酵母作為原料，發酵製造出「酒醪」。酒醪的外觀看起來就像是濃稠的粥。

米　感覺好像蠻可愛的耶。

純　壓榨發酵結束的酒醪，然後過濾、裝瓶，就成了最基本的日本酒。氣泡酒的話，不會過濾得太仔細，而且會在生的狀態，不經加熱殺菌就裝瓶。因為沒有加熱殺菌，瓶內的酒保留了活的酵母。

米　生的！所以是有生命的酒囉？

純　只要酒裡面有酵母喜歡的糖分，酵母就會在瓶內一心一意吃進糖分，製造出碳酸氣體與酒精，持續發酵。這時候，由於酒瓶是封住的……

米　碳酸氣體會在瓶子裡不斷累積嗎？

純　沒錯！酵母會憑藉殘留在酒中的糖分持續進行發酵。打開瓶蓋的話，就會啵啵啵的冒出泡泡。所以氣泡酒會有被稱為「酒渣」的白色殘渣。

米　最近很夯的那款氣泡日本酒也是用這種方式製造的嗎？

純　那種使用的是氣體混入製法。不同於剛剛提到的瓶內二次發酵製法，這一類酒是事後才加入碳酸氣體。

米　碳酸氣體是後來才加的，感覺好像蘇打水耶。

純　帶有白色酒渣的**瓶內二次發酵酒為生酒，運送和儲存都必須冷藏**，賞味期限也比較短，相當不好處理，所以有在賣的店並不多，也無法出口到國外。

米　可是很好喝耶！真想讓其他國家的人也喝喝看……。

純　**氣體混入製法的酒可以常溫運送，管理也方便！**只要在喝之前冰鎮就好，簡單又輕鬆，價格也不貴。

米　為什麼氣泡酒會那麼受歡迎呢？

純　酒精濃度低可以說是氣泡酒最大的特色，著名的松竹梅白壁藏推出的「澪」，酒精濃度就只有5％。一般而言，日本酒的酒精濃度比葡萄酒高，在15％左右，某些生原酒甚至在18％以上。「澪」的酒精濃度跟啤酒差不多，而且味道酸酸甜甜的，帶有明顯的稻米甜味。再加上喝起來有氣，感覺就像在喝果汁。或許因為氣泡酒帶有酸甜滋味、酒精濃度低，喝起來好入口，所以讓平常不喝日本酒的人也很容易接受。

氣泡日本酒的不同釀造方式

以不同方式釀造的氣泡日本酒，首先在外觀上就會有無色透明與白色混濁狀的差別。再來是發酵的不同，在瓶內自然發酵的氣泡日本酒與另外加入碳酸氣體的種類各有不同特點。

瓶內二次發酵製法

僅粗略過濾，未經火入（加熱處理）便裝瓶，因此酵母會繼續存活，並藉由再次發酵在瓶內製造出碳酸氣體。

●無酒渣

製造方法不對外公開

awa酒協會的基準
○透明
○僅保留了自然發酵產生的碳酸氣體
○倒酒時會產生一道細長的泡沫
○維持一定的氣體壓力

●有酒渣

①粗略過濾
②生酒直接裝瓶

由於沒有加熱
○酵母還是活的
○會持續發酵

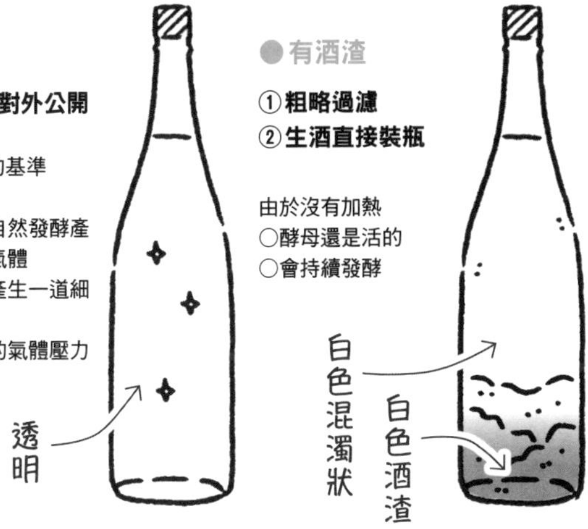

氣體混入製法

在和一般日本酒一樣經過過濾的酒中，以人工方式加入碳酸氣體。這種方法也普遍使用於市售的碳酸飲料。

①將氣體加進已過濾的酒
②裝瓶

由於可以常溫保存
○好管理
○適合各種店鋪販售
○價格實惠

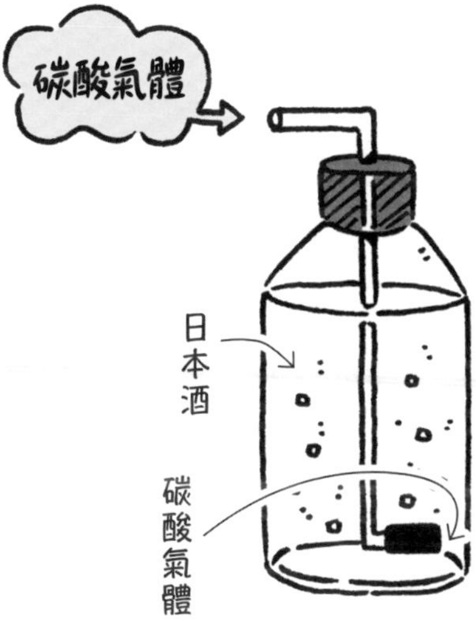

※示意圖

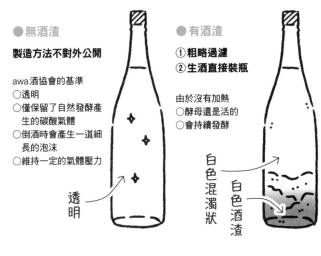

第二杯就喝清冽舒暢的純米大吟釀酒、大吟釀酒

純　純米大吟釀酒和大吟釀酒在日本酒之中，可說是尊爵不凡的最高等級喔！

米　這麼說來，價格也不便宜吧？

純　所以要用心品嘗唷。以下我就來說明，純米大吟釀酒和大吟釀酒為什麼會那麼貴。**首先是米的不同**。釀酒選用的並非一般的食用米，而是釀酒專用米，這稱為酒造好適米（簡稱酒米）。著名的酒米包括了山田錦、五百萬石、美山錦等。

米　山田錦……聽起來好像相撲力士的名字喔。

純　山田錦也被稱為酒米之王。當然也有某些酒是用笹錦等食用米釀造的，不過純米大吟釀或大吟釀等級的酒，大多還是使用為了釀酒而開發的酒造好適米。由於酒米的價格本來就高，酒藏也會卯足全力認真挑選品質值得自誇的米，所以不少酒標都會將米的品種標示出來呢。

米　所以山田錦是高級的酒米囉……原來還有誇耀自己用的是一流好米這樣的意思在啊。山、田、錦……我要記下來。

純　再來請看酒標上的標示。這裡寫著50%對嗎？這是用來表示米粒的外層被削磨之後，還剩下多少比例。**50%就代表削去了一半以上**喔。**如果標示23%的話，等於糙米外層有多達77%的部分被削掉了**。最極端的例子甚至有僅保留了1%米粒的酒！

米　咦，1%的話，不就代表糙米被削掉了99%嗎？這樣米不就只剩小小一粒（驚）？

純　沒錯！有些酒藏會嘗試各種不同的挑戰。至於說到為何要削掉那麼多，是因為糙米外層的米糠含有許多蛋白質及脂質等，釀酒時可能會使香氣或味道太強烈。削磨酒米時，為了避免珍貴的米粒碎裂以及產生熱，必須低溫緩慢削磨。聽說削到精米步合23%，得花上一百六十八小時，也就是一週的時間。釀葡萄酒只需要擠壓葡萄就好，沒有這種削磨的程序。可見日本酒有多費工！

米　對了，被削下來的米粉會如何處理呢？

純　妳說的是米糠吧？若精米步合為90%，削下來的是最靠近糙米外層的米糠，叫做赤糠。削到85%所削下的叫中糠，75%則為白糠，米粒的中心部分則稱作特上糠或特白糠。赤糠可作為家畜的飼料、農田的肥料、米糠油的原料或用來醃漬醬菜等；白糠則用於製作膠水、仙貝等，全都能有效利用，不會造成浪費。

純米大吟釀酒、大吟釀酒會將酒米削去50%以上

每間酒藏悉心挑選釀酒專用的米，並花上大把時間削去米粒外層，說這些米是慢慢「磨」出來的也不為過。

哇～
竟然把米削到這麼小粒啊？會不會太浪費了呀

米糠部分保留得愈多，就愈無法釀出俐落爽口的味道。想釀造美味的日本酒是很花工夫的。削下來的米粉（米糠）則有醃漬醬菜或製作米菓、米漿等各種用途。

純米大吟釀酒 大吟釀酒 的特徵

酒米的精米步合在50%以下

◎於嚴寒時期進行釀造，在低溫下長期發酵
◎酒質潔淨，帶有水果般的吟釀香
◎價位偏高

日本酒的精米步合

- 糙米 **100%**
- 一般食用米 **90%**
- 本釀造酒 **70%**
- 特別本釀造酒　特別純米酒　純米吟釀酒　吟釀酒 **60%**
- 純米大吟釀酒　大吟釀酒 **50%**
- 各酒藏招牌的特別大吟釀酒會低於 **35%**

酒造好適米＝簡稱「酒米」的特徵為米粒大而柔軟，中心呈白色混濁狀的澱粉質部分「心白」較多。且吸水性佳、易糖化，具備各種釀出美味日本酒的條件。

純米大吟釀酒、大吟釀酒是日本酒的登峰造極之作

純　純米大吟釀酒及大吟釀酒的一大特色，就是名為「吟釀造」的釀造方法。這是一種**長期在低溫下緩慢、仔細發酵的釀造方式**。另一項特色是榨酒之後會產生大量酒糟，因此是十分奢侈的釀造方式。用這種「吟釀造」釀出來的酒氣質脫俗，大多是細膩且端莊優雅的風格，酒本身的澄澈感也不同凡響。若有人抱持成見、認為日本酒聞起來很臭，真希望他們能試試吟釀造的日本酒！在喝之前請妳先把酒杯拿近鼻子，聞一聞酒的香氣。

米　哇！這款酒的香氣好清新喔。的確感覺很透明澄澈，完全沒有討厭的味道。聞起來很清爽，還帶有水果般的香味。

純　雖然原料是米和水，並沒有放水果，不過**有些酒確實會散發蘋果或香蕉、哈密瓜之類的香氣**喔，很神奇對吧？香氣主要是受釀酒使用的酵母影響。聞過了香氣之後，接下來就準備喝喝看囉。

米　趕快來喝……。

純　等一下，請妳先喝一小口就好。讓酒在舌頭上擴散開來，慢慢品嘗它的味道。喝下去之後，吸一口氣，再從鼻子吐出來。有感覺到酒的餘韻和香氣嗎？

米　有一種純淨、讓人聯想到雪花的透明感。留在嘴巴裡的味道也很清新！連吐出來的氣都是香的！這、這就是大吟釀的世界嗎？

純　是的，這就是**日本酒的登峰造極之作**！

妳剛剛喝的酒，使用的就是譽為酒米之王的山田錦。這是款將米粒磨去了一半以上，以低溫釀造的純米大吟釀酒，完全沒有雜味。如果是添加了釀造酒精的大吟釀酒，喝起來味道應該會更清爽。最適合日本酒入門者喝的，正是這種大吟釀等級的酒。至於溫度的話，**建議冰過再喝，這樣更能充分展現酒本身細膩而又帶有清涼感的香氣**。具體的溫度和喝白酒一樣，大概8～12℃。酒杯則以超薄玻璃杯，或是瓷器酒杯較佳。

認識大吟釀酒的特別之處

大吟釀酒是長時間在低溫下緩慢而仔細地發酵而成，不僅口味純淨，氣質更是高貴脫俗。

大吟釀酒削米的方式也不一樣！

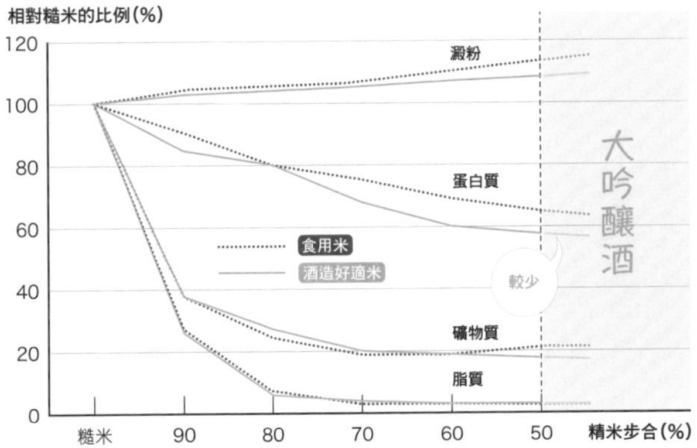

精米步合與成分比例的關係

精米步合與蛋白質、脂質的變化

米的蛋白質多，會使酒的口味偏重；脂質多的話，會減少香氣的生成。用於大吟釀等級的酒造好適米蛋白質較食用米少，經過削磨之後，可以釀出口味更為純淨的酒。

大吟釀酒的發酵溫度低，而且時間長！

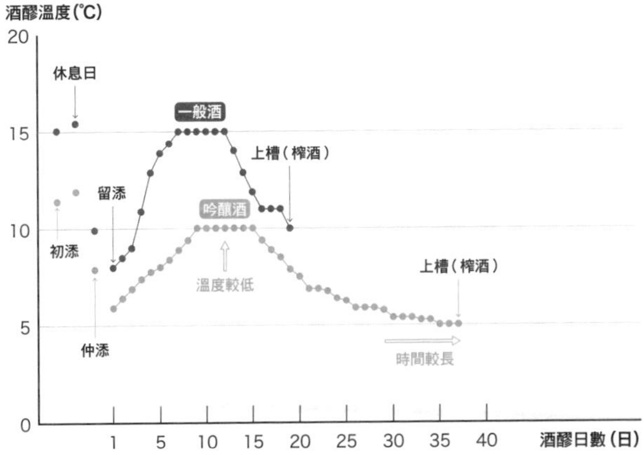

釀酒時酒醪發酵溫度的變化

帶有水果般的神奇香氣！

純米大吟釀酒與大吟釀酒的差別，在於有無添加其他酒精（蒸餾酒）。

- 純米大吟釀酒　精米步合50％以下，麴步合15％以上，未添加酒精
- 大吟釀　精米步合50％以下，麴步合15％以上，有添加酒精

參考／酒類總合研究所出版品《お酒のはなし》

品酒中途別忘了喝水

米　喝酒的時候有什麼可以學起來的撇步嗎？

純　有一句話叫作**「喝酒也要喝水！」**

米　咦？水嗎？

純　就像喝威士忌之類的洋酒時，會有所謂的chaser用來清除口中氣味一樣，**喝日本酒時搭配水一起喝，可以降低體內的酒精濃度**。這樣可以讓人不會一下就喝醉。**此時喝下的水可以緩解醉意，因此稱作「解酒水」**。

米　大概要喝多少呢？

純　喝一口酒的話，同樣喝一口水，這樣可以使酒精濃度減半。水如果太冰，會讓身體變冷，所以建議去冰。溫開水對身體更加溫和，會讓人覺得好像喝多少酒都不是問題（啊，不過這樣好像不太妙？）。喝酒之餘穿插著喝水，也可以避免讓味覺麻痺，更能清楚感受下一杯酒或料理的味道。持續不斷喝酒的話會令人感覺口渴，喝水也能預防這種脫水症狀。

米　如果一直喝好喝的酒，就會愈喝愈嗨，一不小心愈喝愈多（反省……）。

純　喝完酒就喝水，要記得像這樣不時放慢步調。讓嘴巴休息一下重新出發，下一杯酒會更好喝！而且不會喝得太醉，第二天早上一樣神清氣爽！

米　那我以後喝酒的時候也要喝水！

純　在居酒屋點酒的時候也別忘了請店員一起附上水。要記得，**日本酒比葡萄酒還烈**唷。有些日本酒的原酒甚至在20％左右，一下喝太猛的話是很危險的。說到葡萄酒，妳知道有一種用蘇打水稀釋白酒而成的雞尾酒，叫作「Spritzer」嗎？葡萄酒配上蘇打水的氣泡喝起來十分爽口，因此很受酒量差的人喜愛，也是一種人氣餐前酒。其實日本酒也可以加水或蘇打水稀釋。不要勉強自己，悠閒地享用日本酒的美味是最重要的！另外，有些店會從交情比較好的酒藏那邊拿釀酒用的水提供給客人。由於是酒藏精心選用的水，美味自然不在話下。

米　那真是太棒了！能同時喝到釀酒用的水，以及用這水釀出來的酒，可是難得的機會呢。

解酒水建議這樣喝

如果不經稀釋直接喝日本酒的話，由於酒精濃度高，喝得太快會容易醉，要多加注意。喝酒的時候別忘了也要喝水。

搭配解酒水慢慢地喝，
慢慢品嘗……
啊……好好喝。

溫開水的話更棒。

日本酒的酒精濃度較其他釀造酒高

（平均酒精濃度）

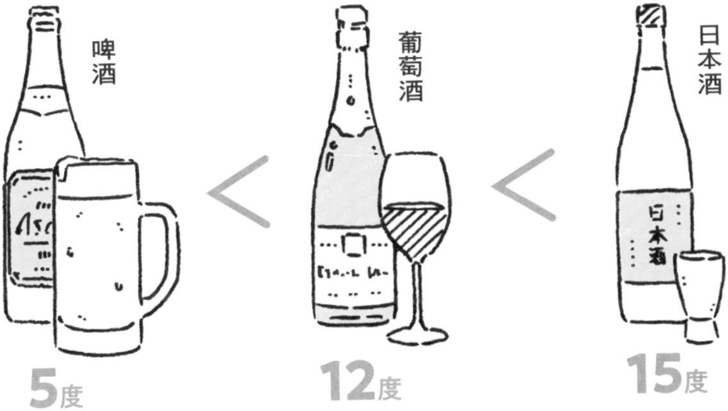

或是用水稀釋日本酒（或是用水稀釋日本酒）

第三杯來品嘗純米吟釀酒的爽口滋味

米　純米大吟釀酒那種清透澄澈的味道實在讓我大吃一驚。那沒有那個「大」字的吟釀，又屬於怎樣的酒呢？

純　就釀造方式而言，大吟釀酒和吟釀酒都是用「吟釀造」這種低溫長期發酵的製法釀出來的。而且也都是花費心力削磨酒米，細細琢磨所釀造出的高級酒。不過，也有一部分酒不是採用吟釀造製法。**大吟釀酒與吟釀酒最關鍵的差異在於酒米削磨的程度**。剛才喝的大吟釀等級，將糙米的米粒削去了一半以上，標示的精米步合為50%。而純米吟釀（吟釀）酒，則可以比純米大吟釀（大吟釀）酒少削10%！也就是說，只要削磨酒米40%以上，就可以稱作純米吟釀（吟釀）酒。酒標上會記載精米步合60%。來，妳注意看這裡！

米　原來如此……有清楚標出精米步合耶。所以說，和純米大吟釀酒或大吟釀酒一樣，使用低溫長期發酵的方式釀造，**削磨糙米4成以上的就是純米吟釀、吟釀酒**對吧？

純　飲用溫度也和純米大吟釀酒、大吟釀酒一樣，建議比照喝白酒的溫度，更能充分展現細膩的香氣。那就來喝喝看純米吟釀酒吧。

米　這一款也帶有果香，還有一種水潤多汁的感覺。喝起來的味道比純米大吟釀酒輪廓更清晰，這樣說對嗎？

純　純米大吟釀酒的味道細膩而敏感，**純米吟釀酒則稍微粗獷一點**。純米大吟釀酒屬於可以不用搭配其他東西單喝的酒，純米吟釀或吟釀等級的酒香氣大多較大吟釀酒弱，適合與料理一同享用。價格也比大吟釀等級稍微親民一點。

米　如果想犒賞自己一下，或稍微喝好一點，像純米吟釀酒這樣感覺亮麗的酒可以讓心情飛揚起來呢。

純　純米吟釀酒清新舒爽的香氣與細膩的風味除了日本料理以外，跟蔬菜、魚，或帶有橄欖油及柑橘類風味的義大利料理也很搭。而且有許多品牌將酒瓶設計得很時尚，是送禮的好選擇！吟釀酒入喉的口感大多是舒暢滑順，不過也有香氣較為內斂，喝起來芳醇濃郁的酒，這種酒稱為「味吟釀」。吟釀酒也是有各種不同類型的。

吟釀酵母艱苦的發酵人生

包含大吟釀酒在內的吟釀酒，
是酵母辛勤工作的成果。
不過酵母的一生，
可說是備嘗艱辛。
營養供給被刻意減少，
並在酷寒的環境下，
長期刻苦忍耐以求生存，
最終造就了吟釀酒。

刻意使酵母處於
營養不足的狀態

在5～10℃的低溫下
進行30天以上的長期發酵

正因環境艱困，才能培育出健壯的吟釀酵母

如此嚴苛的發酵過程，帶來了有如蘋果及香蕉般獨特的果香，以及細膩的極致風味，穩居高級酒地位的吟釀酒就此誕生。

孕育出極致的香氣與風味

吟釀酵母代表性的2種香氣
○蘋果般的香氣　己酸乙酯
○香蕉般的香氣　乙酸異戊酯

如果想喝好喝的酒，就記住「吟釀」兩個字

純　純米大吟釀酒及大吟釀酒堪稱日本酒中登峰造極的頂級之作。次一級的，則是純米吟釀酒及吟釀酒。吟釀就等於好酒的代名詞。如果想喝用心釀造的美味好酒，先記住「吟釀」這兩個字就對了！

米　吟、釀……很好記呢！

純　吟釀兩個字，代表了一間酒藏用心選米、經過仔細琢磨所釀造的高級酒。

米　原來吟釀還有這樣的意思啊。對了，那米又是如何挑選的呢？會有那種挑出好幾種優質米混在一起的特調米嗎？

純　日本酒用的米和食用米不一樣，不會將不同品種混在一起。如果混合好幾種品種的米，會沒有辦法均勻地削磨米粒。而且每種米的成分也不同，會使得需要細膩調整溫度與時間的製麴作業難度變高。

米　這樣啊……原來不會把米混在一起呀。

純　吟釀等級使用的米叫作酒造好適米，是釀酒專用，顆粒較大。每間酒藏都會配合酒的特性，用心考察不同品種的米，從中選出適合的。許多酒藏在挑選時還會特別注意產地、等級、栽種方法、生產者等細節。

米　有那麼多要注意的地方啊？

純　選完米之後，開始進行釀酒可就辛苦了。吟釀酒的洗米、製麴等都是手工作業，得不眠不休地進行。為了控制發酵，要採取少量釀造的方式等。全是一連串勞心費神的辛苦製程。有時候酒釀好之後，是會互相混合的喔。吟釀酒都是以用心選出的米釀成的，如果一間酒莊有用不同品種的米釀出的吟釀酒，請記得喝喝看，品嘗彼此間的差異很有意思喔。就算是同一種米，不同地方或不同塊田種出來的，味道也會不一樣。品嘗、比較箇中滋味也很好玩！

米　比較不同品種的米嗎……不知道我分不分得出來耶？不過好像很有趣！這些會標在酒瓶上嗎？

純　大多數會標，不過也有不標出來的。

米　在挑選「吟釀」的時候，要先看哪邊呢？

純　**如果酒標等地方有「吟釀」的字樣，馬上就能分辨出來**。不過也有酒藏刻意不標示，據說是因為希望顧客在挑選時「不要帶有先入為主的成見」。**這種時候可以看標示在側面或背面的精米步合**。吟釀酒或純米酒等特定名稱酒會標出精米步合。

米　原來如此，就是要看酒標上的米和精米步合對吧！

純　**原料只有「米、米麴」的話，就是純米類的酒**。依精

米步合的不同，又分為純米大吟釀酒、純米吟釀酒、純米酒。**除了米、米麴，還有寫「釀造酒精」的話，屬於本釀造類的酒**，包括了大吟釀酒、吟釀酒、本釀造酒。想冠上「吟釀」兩個字，必須將米削去40％以上。

米　這支酒背面的酒標上寫「麴米40％、掛米60％」，又是什麼意思呢？

純　這是把麴米和掛米的精米步合分開標示。麴米是製麴使用的原料米，40％則是精米步合。代表削去了60％，使用剩餘的40％來釀酒。掛米和麴米這兩個詞是一對的，蒸過之後加到酒母及酒醪裡的米稱為掛米。60％同樣是指精米步合，代表削去了40％，剩下60％。這款就是屬於吟釀等級的日本酒。

米　兩個精米步合不一樣……那這款酒要算大吟釀酒還是吟釀酒呢？

純　這種時候是以精米步合數字較大（接近糙米）者為準。所以這款酒不是大吟釀酒，而是次一級的吟釀酒。因為沒有添加釀造酒精，屬於純米吟釀酒。

米　原來如此！這樣我清楚多了！真希望能趕快多嘗試些不一樣的吟釀酒。

如何分辨吟釀

先看看酒標上有沒有「吟釀」的字樣。如果都找不到的話，可以確認精米步合。60％以下者為吟釀酒，50％以下者為大吟釀酒。

要冠上純米吟釀或吟釀之名必須符合以下條件。

●純米吟釀酒　精米步合60％以下，麴步合15％以上，無添加酒精
●吟釀酒　精米步合60％以下，麴步合15％以上，有添加酒精

涼的酒和冷酒其實是不一樣的

米　嗯……我已經愈來愈習慣喝日本酒了，如果要像內行人點酒的話，是不是應該先喝「涼的」呢？

純　「涼的」不錯喔。不過妳知道「涼的酒」和「冷酒」有什麼不一樣嗎？

米　嘎？不是都一樣嗎？

純　冷酒就像字面上的意思，因為有冰過，喝起來是冷的。至於「涼的」，雖然日文稱作「冷や」，和冷酒一樣有「冷」這個字，但並不是冰過的酒。有點複雜對吧？**過去因為沒有冰箱，並沒有將日本酒「冰過再喝」的習慣**。日本酒基本上都是熱來喝的，說到酒，指的就是燗酒。

米　基本上都是喝燗酒啊……沒熱過的酒就稱為涼的酒……，所以過去就只有「燗」、「涼」這兩種喝法。這麼說來，冰箱發明之後，有了冰過更好喝的吟釀酒，也使得日本酒的喝法產生了變化囉。

純　沒錯。涼的酒在以前並不討喜，還有「涼的酒是窮人喝的」、「父母的意見和涼的酒後勁最強」之類的諺語。如果在居酒屋說「給我涼的酒」，在以前就是理所當然送上常溫的酒。現在則愈來愈多會給客人剛從冰箱拿出來，已經冰過的酒。

米　就像在咖啡廳說「請給我涼水」的話，店家都是送上「放了冰塊的水」這樣吧。

純　我曾經聽說，有一個客人在某間居酒屋點「涼的」，但看到店員送來的是冰過的酒，便抱怨：

「我點的是涼的啊！」

「這就是涼的啊！」

「我說我想喝的是涼的酒啦！」

有如禪宗的公案般，不斷重複鬼打牆式的對話。

米　說要涼的，不過其實是要沒有冰過的酒……。

純　尤其如果是日本酒專賣店，為了品質管理，日本酒通常會貯存在冰箱裡，就可能沒那麼有彈性。店員有可能不知道「涼的＝常溫」，但客人也常誤以為「涼的就等於冷酒」。甚至有的人喝到了常溫的涼酒，還會抱怨「搞什麼啊，這不是溫的嗎？」。

米　像我也誤會了……。

純　**如果想喝冷酒，不妨說「我要冰過的冷酒」。想喝涼酒的話，建議講得具體一點，說自己要「常溫的」。**

米　希望不要酒一上來，心都「涼」了（笑）。

「冰得透心涼的日本酒」其實很晚才出現

隨著冰箱的普及，適合冰過再喝的日本酒也愈來愈多；為了落實品質管理，日本酒一般都以冷藏方式貯藏。建議大家將保存溫度與飲用溫度分開來看，依自己喜好的溫度享用。

1900年代　使用冰塊的木造冰箱問世

當時並沒有電冰箱，只有木製的冰塊式冰箱。這種木製冰箱上層為放冰塊的冰室，藉由冰塊的冷氣冷卻下層的食材。日本國產的第一台冰箱於1930年問世，但價格十分昂貴，幾乎等於一棟附小庭院的房子。自然萬萬不可能用來冰酒。

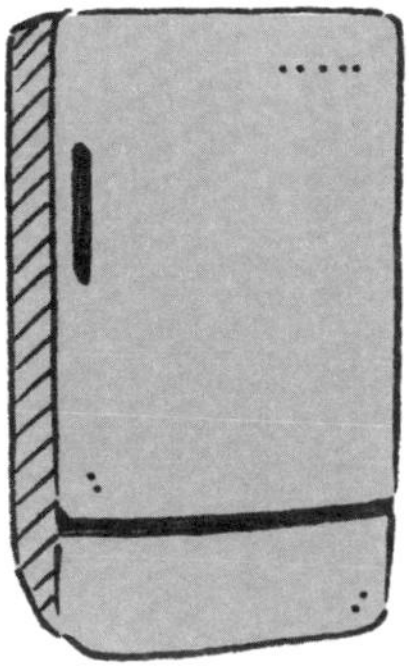

1950年代　電冰箱普及

家庭用小型電冰箱在此時亮相。進入高度成長時代後，日本的國民所得隨之增加，有「三神器」之稱的「黑白電視、電冰箱、洗衣機」帶動了消費熱潮。電冰箱在1958年僅有3%的普及率，到了1965年前後開始急遽成長，1971年時已達到90%。由於冰箱的普及，清涼飲料及啤酒也開始爆炸性熱銷。

為什麼「涼的酒是窮人喝的」

在過去，日本酒理所當然是要喝熱的。貝原益軒也曾在《養生訓》中寫到「溫熱飲品有益身體」。加熱可以讓日本酒更有鮮味、口味更柔和。由於酒精是在接近體溫的溫度被人體吸收，喝涼酒的話，要一段時間以後才會感覺到醉意。燗酒則比較快被吸收，因此不像涼酒那麼容易不小心喝過頭。

第四杯 是鮮味十足的純米酒

純　喝了大吟釀、吟釀等級之後，接下來要喝的是純米酒！這是最適合晚上小酌的酒！

米　就是只用米、米麴和水釀的酒對吧。

純　沒錯，純米酒就是純粹以米、米麴、水釀造，只有米的味道的酒。喝起來口味香醇，許多款式都適合熱成燗酒享用。

米　純米酒可以喝出米的味道，適合各種溫度飲用……。

純　所以搭配家常料理也沒問題！雖然精米步合90%以上的很少見，不過**80%的純米酒**還滿多的。而且**許多酒藏都特別用心在耕種酒米上**。那就來喝喝看精米步合80%的純米酒吧。先聞一下香氣。

米　哇，這是米的香氣嗎？有種不同於吟釀等級，飽滿又令人懷念的香氣。

純　許多純米酒用的都是吟釀等級的酒不會使用的古早風味正統酵母呢。

米　喝起來真香醇，味道很紮實呢。用顏色來比喻，大吟釀酒就像水晶，吟釀酒是水藍色，純米酒則是米色或黃色。

純　妳形容的一點也沒錯。喝得到鮮味與香醇滋味正是純米酒最美妙的地方。而且不管涼的、熱的喝起來都很棒。另外，**熱過之後口味會變得更加鮮明**喔。

米　這種平易近人的感覺真是太好了，讓人充滿期待。

純　而且**純米酒的價格也很實惠！**一升瓶約兩千日圓，四合瓶大概一千日圓出頭，不會讓人買不下手。

米　還滿便宜的耶。比葡萄酒還便宜吧？

純　這是因為酒藏希望大家可以每天晚上都喝。還有一些佛心的純米酒是在地限定的，旅行的時候不妨去找找看。

米　明明已經有那麼好喝的純米酒了，為什麼還要在酒裡面加進別的酒精呢？

純　日本酒原料所需的米過去在戰爭時期不足，以及為了防止腐敗；加上出兵滿州時，必須提供士兵在寒冷地區也不會結凍的酒，因此允許添加酒精。當時日本的稅收有兩成多是來自酒稅！酒稅占國家稅收比例最高的時期，是日俄戰爭的時候，接近了整體稅收的四成，想不到日本酒有這樣的歷史吧。純米酒的魅力，就在於它的包容性。許多純米酒都是燉煮料理、醃漬物的好搭檔，很適合晚餐時喝。如果希望料理多點鮮味的話，也不妨使用純米酒。會讓妳有自己廚藝變好的錯覺喔。

只用米、米麴、水釀成的「米酒」

日本酒可以粗分為兩大類，
分別是原料僅有米、米麴的純米酒，
以及添加了釀造用酒精與其他成分的酒。

純米酒的定義
僅使用米、米麴、酵母、水，
以日本獨特的製法釀成的酒。
◎對於精米步合沒有規定
◎米麴步合15%以上
◎未添加酒精
如果想感受米的美好滋味，
還是要喝純米酒

什麼是特定名稱酒

指的是符合酒稅法所規定之基準的酒，共有以下8類。

○**純米大吟釀酒**
○**大吟釀酒**
○**純米吟釀酒**
○**吟釀酒**
○**特別純米酒**
○**純米酒**
○**特別本釀造酒**
○**本釀造酒**

特別本釀造酒與本釀造酒之差別在於前者的精米步合為60%以下，後者為70%以下。要冠上特定名稱，必須使用依農產物檢查法規定，獲3等以上評定的米（即便是山田錦，若評等不符合，依舊只能算是普通酒）。至於是哪種特定名稱，則取決於精米步合、麴步合與使用的原料。

純米類約占日本酒整體的25%

分類	品項	分類
特定名稱酒 約40%	純米大吟釀酒、純米吟釀酒 11%	純米類（僅使用米、米麴）約25%
	純米酒 14%	
	大吟釀酒、吟釀酒 5%	酒精添加類 約75%
	本釀造酒 10%	
	其他日本酒（普通酒、上撰、特撰等） 53%	
	合成清酒 7%	

參考／國稅廳「酒類手冊」2017年發行

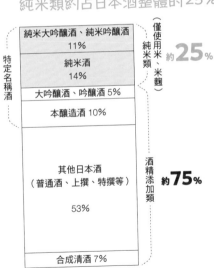

要稱作純米酒需要哪些條件？

純　純米酒過去和本釀造酒一樣，有精米步合70％的規定，不過現在已經取消了！**就算是100％糙米釀造的，也可以叫作純米酒**。

米　可以直接用糙米的話，那就不用削磨了，很省事耶。

純　是沒有錯，不過市面上幾乎沒有100％糙米的酒。糙米表層覆蓋著脂質及蛋白質，釀成酒的話，味道會很重或帶有米糠味，而且容易產生雜味。麴菌也不容易到達米粒中心，因此還是削磨過釀出來的酒才好喝。由於過去純米酒的規定是70％，所以現在仍有不少精米步合70％的純米酒。

米　帶有米糠味的……酒（噁）。

純　精米步合接近糙米的酒比較黏稠，說得比較好聽的話，像是太陽曬過的榻榻米那樣帶有溫度，並沒有很差……。

米　太陽曬過的榻榻米……好像了解了。似乎有種懷舊、讓人安心的感覺。用食物比喻的話，大概像是陳年醬菜吧？

純　就是那樣（笑）。因為脂質及蛋白質多，過去的酒大多味道偏重、帶有雜味，不過現在不一樣了！

米　是怎麼回事呢？

純　將酒藏內的環境打掃乾淨、釀造技術的提升都有助於改善酒的品質。為了釀酒專門開發的酒米蛋白質含量較少，就算沒怎麼削磨，也可以釀出純淨的味道。

米　精米步合80％也能喝到純淨的口味……這麼說來，使用的是哪種酒米，也是得確認的重點囉！

純　在酒標上標示了酒米名稱的酒藏，在打造一款酒時，都會想到這些。**現在即使是精米步合80％的純米酒，也有愈來愈多鮮味輕盈淡雅的酒**了。

米　如果只削掉了兩成，米的特色應該也展現無遺吧。

純　兵庫縣的酒藏本田商店為了紀念山田錦誕生八十週年，便推出了精米步合80％的純米酒「龍力」。

米　八十週年……80％的山田錦純米酒？

純　日本生產最多的酒米就是兵庫縣的「山田錦」，產量現在仍居於龍頭！酒藏主人表示「過去都是以削磨米粒的方式表現山田錦的魅力，但適合釀酒的米其實不用削磨也能釀出好酒」，是他的自信之作。由於精米步合80％，因此喝得到山田錦的鮮味及爽口感。

米　哇，可以喝到山田錦最真實的滋味耶！

純　**愈接近糙米，米的味道就會愈完整呈現出來**。品嘗、比較不同品種的米釀的日本酒，可以確實了解每種米各自的特色喔。

精米步合80%的純米酒

如果發現了在地固有品種米100%的純米酒，不妨和其他款純米酒比較看看。喝過之後會清楚感受到當地特色及酒藏的釀酒哲學。

精米步合80%與一般食用的白米差不多！

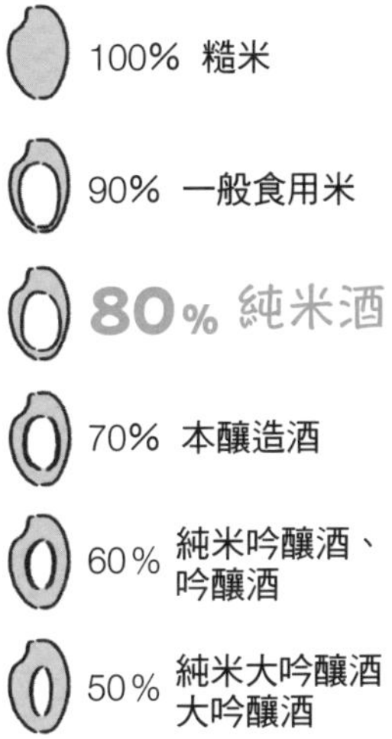

龍力
純米酒80 山田錦

在兵庫縣開發出來的山田錦，是日本產量第一的酒米。為紀念山田錦誕生80週年，釀造了這款精米步合80%的純米酒。能同時喝到山田錦特有的鮮味與爽口感。
本田商店／兵庫縣

七本鎗
純米80%精米火入

帶有穀物紮實渾厚的味道，是酒藏的招牌酒。使用的酒米為「玉榮」，精米步合80%，能充分品嘗到米本身的鮮味。加熱為燗酒口味會更有深度。
冨田酒造／滋賀縣

秋鹿 八八八
一年熟成 純米無過濾生原酒

使用八反錦品種的酒米與八號酵母，精米步合80%釀造的純米生原酒，並經過1年熟成。喝得到八反錦本身的鮮味，暢快爽口的芳醇純米酒。
秋鹿酒造／大阪府

第五杯來喝喝看燗酒

純　我剛剛提到**純米酒適合熱成燗酒喝**，其實這就和米飯一樣。冷飯和熱飯的甜味、鮮味也有差別不是嗎？熱的飯吃起來比較能感受到飽滿與甘甜滋味，酒也是如此。

米　不過我在居酒屋喝燗酒的時候，印象很不好……對燗酒有不愉快的回憶……。

純　那是妳喝的酒的問題（悲）。剛剛喝的純米酒妳覺得怎麼樣呢？

米　香醇又好喝，我應該會愛上喔！

純　那我要來熱這款好喝的純米酒囉。燗酒可以讓身體暖起來，促進血液循環，也很適合虛寒體質的人喝喔。

米　燗酒感覺似乎也特別風雅呢。

純　當指尖透過酒杯感受到溫度，對燗酒的期待也一步步被帶了起來。好啦，可以喝囉！想不想聞氣味都沒關係喔！

米　那就……哇！好喝！

純　對吧！酒體飽滿的辛口純米酒在熱過之後也更升級了。來，妳搭配這個小菜一起試試看。

米　喔！酒跟小菜都變得更美味了！

純　這就是純米酒最棒的地方。它會溫柔圓潤地包住鮮味，讓鮮味加倍呈現！

米　話說回來，這個小菜到底是……什麼東西？

純　這個叫「へしこ（heshiko）」！是用米糠醃漬的鯖魚，也是北陸地方傳統的發酵食物喔。

米　感覺鮮味都濃縮在裡面了。雖然帶有鹹味，不過喝了燗酒後就溫順了許多，各種滋味在嘴巴裡完美融合。

純　這正是日本酒的美好之處呢。日本酒和生蠔也是絕配喔。

米　咦？生蠔不是要搭夏布利白酒嗎（不懂裝懂）？

純　葡萄酒和料理要搭配得分毫不差是很難的事，所以才會有餐酒搭配這門學問。相較之下，日本酒的包容力就強多了，呵呵。

米　真希望有個很會熱酒，又有包容力的男朋友……抱歉、我在自言自語。

純　喝燗酒的一大樂趣就是酒杯！材質、杯口厚度、杯身曲線都會讓味道有截然不同的表現。希望妳記得多用用看不一樣的酒杯。

米　燗酒大概要加熱到幾度呢？

純　**溫度並沒有特別的規定**。每款酒的最佳溫度都不一樣，而且就算是同一款酒，味道也會隨溫度而變。所以還是多嘗試不同的酒、不同溫度吧。

燗酒建議用泡到熱水裡的方式加熱！

○ 水浴　　× 直接加熱

用水浴的方式熱酒

水煮開後，將鍋子從火爐移開、酒瓶放進熱水中。當酒熱到了自己喜歡的溫度，便可取出酒瓶。

把酒瓶放到裝了熱水的鍋子裡，讓鍋子連同酒瓶在火爐上加熱，酒瓶內的溫度會一下就升到70℃以上，使得酒精開始揮發，香氣及味道也會因此跑掉。

水浴的話就不會使香氣及味道流失。

溫醇的美味傳遍了全身每個角落！

真教人欲罷不能

隨酒的性質及飲用溫度的不同，日本酒也會呈現出各式各樣的滋味。

經過仔細加熱，便成了味道豐潤飽滿的燗酒。

不喜歡燗酒的人，一定要試試看純米酒的燗酒！

品嘗各種溫度的燗酒，感受香氣及味道的差異

觸摸酒瓶也感覺不到溫度	30℃	稍微勾勒出香氣與味道的輪廓
觸摸酒瓶僅感覺到些許溫度	35℃	與體溫相同的人肌燗。味道圓潤溫和
觸摸酒瓶會感覺微溫	40℃	溫燗。香氣與鮮味更加飽滿
觸摸酒瓶會有溫熱感	45℃	上燗。開始喝得到爽口的感覺
酒瓶有蒸氣冒出	50℃	熱燗。喝起來更為爽口，給人清晰明快的印象
觸摸酒瓶會感覺有點燙	55℃	飛切燗。展現暢快爽口的辛口滋味
觸摸酒瓶會覺得燙	60℃	燙口燗。辛口純米酒的特色展露無遺

最後一杯是鮮味與醇味十足的老酒

純　最後，讓我為妳介紹更深奧的日本酒世界吧！

米　啊，這個酒的顏色，該說是金黃色還是咖啡色呢……好像醬油或紹興酒一樣呢。

純　**日本酒也是有年份酒的**。不過並不是像葡萄酒那樣，出現在原料收成特別好的年份，而是指**經過熟成，變得更好喝的酒**。千葉縣的木戶泉酒造過去以來一直用心於長期熟成，以所謂的「高溫山廢」方式釀酒，甚至還有熟成超過了20年的酒。喝起來豐盈飽滿，並有巧克力般的濃郁甜味及芳香氣味。來，嘗一點吧！

米　哇，真的耶！香氣撲鼻，而且甜味及醇味也很豐富。會讓人想用來配濃郁的巧克力蛋糕。有種像是白蘭地的芳醇滋味……咦，我怎麼一下就喝光了？

純　因為味道裡尖銳的部分都被磨掉了。

米　威士忌或燒酎是有二十年的陳年酒，不過我完全不知道釀造酒也有長期熟成的。日本酒到底可以放多久呢？

純　日本酒基本上沒有賞味期限。只要沒有開過就都可以喝，所以千萬別丟掉，不妨喝喝看。

米　這樣啊……葡萄酒有所謂自己出生那一年的酒，日本酒也能做到這樣嗎？

純　如果想放二十年的話，建議挑選釀造過程嚴謹，一開始就以長期熟成為目的打造的酒。老酒和新酒新鮮的味道可說是完全相反，醇味、鮮味、甜味都會隨著時間增加。

米　老酒適合什麼溫度喝呢？既然和白蘭地很像，是倒在玻璃杯常溫喝嗎？

純　熟成燗酒很有意思喔，味道會很溫順。至於溫度的話，熱成燙口燗也不是問題！涼的也一樣好喝！

米　放了多久的日本酒可以稱為「老酒」呢？

純　日本酒是在寒冷時期釀造，以春、夏、秋、冬這樣一年為循環販售。釀好經過了一年的酒就會算作老酒。不過，為了區分賣剩的老酒，以及酒藏為了特定目的長期熟成的酒，長期熟成酒研究會正推行**「熟成老酒」**的正名運動。

米　聽得我也想挑一款酒來自己熟成！

純　新酒的生酒為了讓顧客喝到新鮮的滋味，不會加熱殺菌，因此不適合熟成。不過還是要試過了才知道，酒會產生什麼樣的變化。所以就**大膽用自己喜歡的酒試試看吧**，日本酒是百無禁忌的！

自己動手熟成，品嘗老酒的迷人滋味

日本酒經過熟成會有何變化？

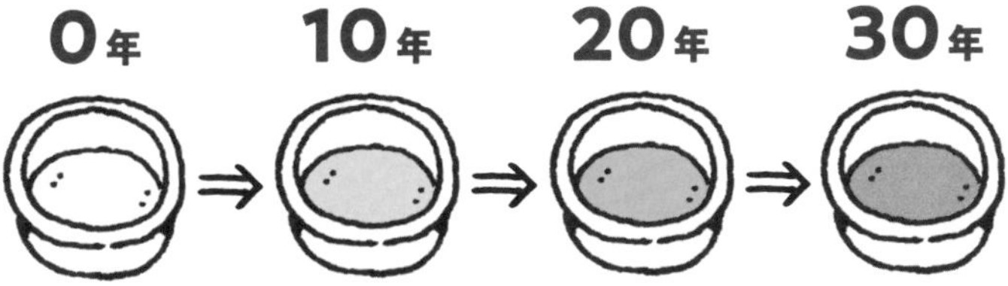

	0年	10年	20年	30年
顏色	無色透明	淺黃色	淺咖啡色（金黃色）	深咖啡色（琥珀色）
香氣	果實香 花香 麴香 等	堅果／蜂蜜／醬油／ 醬菜（醃黃蘿蔔）／巧克力／ 焦糖／香料 等	年份愈久 愈為深沉	
味道（口感）	輕盈 清爽 粗獷帶勁 等	甜味感 苦味感 複雜 等		

參考／酒類總合研究所出版品《お酒のはなし2》

酒放了一段時間以後，
瓶底可能會出現「酒渣」。
千萬別誤會了，
「酒渣」並不是髒東西。
某位酒莊主人曾說過：
「出現酒渣，
就代表酒變好喝了！」
也就是

**「有酒渣的話，
應該要開心」。**

日本酒也是酒精組成的，
因此不會腐敗。
酒精濃度比日本酒低的葡萄酒，
也有多到數不清的長期熟成酒。
所以就放心嘗試
自己熟成日本酒吧！
熟成後可以看味道如何，
覺得不好喝的話，
不妨拿去做菜或泡澡！

老酒和長期熟成酒有何不同？

米　我想要再多認識長期熟成酒。

純　日本酒從新酒到春天的生酒、秋天的冷卸等，會配合季節出貨一整年。基本上以一年為週期，將酒全部賣完。過去會將賣剩下的酒稱為老酒。

米　賣剩的就是老酒……那可得想辦法不要被這樣稱呼。

純　現在和過去不一樣，容器有了很大的進步。有琺瑯或不鏽鋼材質的最新式釀造槽，而且酒是裝在玻璃瓶內貯藏，酒藏也設置了冷藏設備等，貯藏技術不可同日而語，因此可以長期貯存而不變質。

米　過去就只是裝在木桶裡常溫貯藏吧。

純　熟成酒獨特的色澤，是日本酒成分中的糖分及胺基酸隨著時間經過產生反應而來的。一開始是透明，然後是黃色，再逐漸變為金黃色、琥珀色，最後就會呈現像是濃醬油般的顏色。

米　剛才喝的老酒是明亮的琥珀色！

純　帶有透明光澤，看起來很漂亮對吧？**還有一項特色，就是其他日本酒所沒有的香氣**。那種香氣是不是讓妳想到了堅果或巧克力、蜂蜜呢？

米　遮住眼睛的話，我可能會以為是雪莉酒或波特酒呢。

純　甜味、醇味、苦味等成分會愈來愈多，產生複雜而芳醇，讓人感覺很有分量的味道。

米　複雜而芳醇嗎……就是那種感覺沒錯！沒想到竟然有這種日本酒，我還是第一次喝到。

純　**經過熟成後，孕育出新酒喝不到的迷人滋味，這種酒就稱為「長期熟成酒」**。長期熟成酒是一開始就以此為方向所設計，歷經熟成的老酒，和碰巧沒賣完的老酒是完全不一樣的。

米　那**所謂的老酒，是相對於新酒使用的稱呼囉**？

純　沒錯，老酒這個詞原本只是用來稱呼上一釀酒年度以前釀的酒。木戶泉酒造還有推出在酒標上大大標出西元釀造年度的酒。一目瞭然對吧？甚至有一九七四年的酒喔。

米　哇！離我出生那一年……很近（笑）。

純　出生年份的日本酒會讓人感動萬分呢。有機會入手的話，打開瓶蓋時記得趕快吸一下瓶子裡的空氣，因為那可是那一年的空氣呀！

品味愈陳愈香的「熟成老酒」

熟成並不是把酒放著等時間經過就好，其中還有許多要注意的眉角與學問。

環境對熟成很重要

酒的弱點是光，尤其害怕陽光、日光燈等光線。若放置在溫度變化劇烈的地方，酒肯定會變質。只是把酒長時間放著，是無法造就美味熟成酒的。要用報紙把酒瓶包起來，收在家中不會照到光線、溫度變化小的陰涼處。也可以收進地板下的收納空間。

還有在海裡面熟成的酒

有一種「海中熟成酒」，是貯藏在曬不到太陽、維持一定溫度的海底。日本全國共有15間酒藏參加了這項「海中熟成酒計畫」，在靜岡縣南伊豆石廊崎附近的中木海域，將日本酒沉入水深15公尺的海底熟成半年。由於海裡面沒有陽光，溫度也穩定，可孕育出美味的熟成酒。

古酒五曲 祕藏古酒綜合組
比較5款純米原酒熟成酒的箇中滋味

集結了5瓶使用相同原料、相同製法釀造，並經過熟成的純米原酒，如果好奇日本酒的老酒喝起來是什麼味道，一定要試試看。能同時喝到1年、5年、10年、15年、20年等，不同熟成期間的5種老酒。木戶泉酒造／千葉縣

不同類型的熟成老酒特色整理

類型	釀造方法	熟成溫度	特色
濃熟型	本釀造酒 純米酒	常溫熟成	隨著熟成時間的累積，光澤、色彩、香氣、味道都呈現驚人變化，別具韻味、充滿特色的熟成老酒。
中間型	本釀造酒 純米酒 吟釀酒 大吟釀酒	低溫熟成與 常溫熟成 兩者併用	藉由先低溫熟成而後高溫熟成，或相反順序的貯藏法，打造出介於濃熟型與淡熟型之間的滋味。
淡熟型	吟釀酒 大吟釀酒	低溫熟成	保留了吟釀酒的優點，並完美融合恰到好處的苦味與香氣，口味兼具廣度與深度。

出處／長期熟成酒研究會

最愛飲酒的日本No・1是哪個縣？

雖然消費量是大都市居多……

單以統計數字來看，消費最多酒精飲料的地方是東京。不過，這個數字把從鄰近其他縣通勤到東京工作的上班族，在公司附近消費的量也算進來了，因此並不全是東京都民喝的。這一點放到大阪也一樣。

若排除這些大都市，酒精飲料整體消費量的第一名是高知，真不愧於南國土佐這個稱號。這也證明了當地著名的美食——鰹魚半敲燒（鰹のたたき）及皿鉢料理確為下酒良伴。但仔細觀察統計數字的話會發現，高知縣民喝的大多是啤酒、發泡酒、第三類啤酒等，酒精濃度較低的酒。

那曾經轟動一時的乙類燒酎呢？統計結果顯示，喝得最多的是鹿兒島和宮崎，接著是大分、熊本。令人意外的是，鹿兒島在酒精飲料整體消費量的排行只有第十五名。難道鹿兒島男兒的作風就是除了乙類燒酎以外，其他酒都不喝嗎？

日本酒喝得最多的是哪個縣？

以日本酒消費量來看，冠軍是新潟！平均每人一年喝了12・6公升。第二名是秋田與石川的9.2公升，接下來的山形與福島為8公升。長野與富山以7.9公升的些微之差緊追其後，再來依序是島根、岩手、福井、鳥取。第十二名才是東京，然後是青森、宮城，九州第一個進榜的是佐賀。即使東京已經包含了鄰近其他縣的需求，日本酒的消費量仍然遠不及榜上的前幾名，這幾個縣實在恐怖。

從靠日本海的東北，到北陸、山陰地方，儼然串連成了日本酒的飲酒地帶。用地產地銷形容還不夠貼切，應該說是地釀地飲。靠日本海這一側的地方，日本酒飲酒量明顯比較多。

新潟與秋田等米鄉，毫無疑問也是愛喝日本酒的地方。九州唯一進入前段班的佐賀，同樣是著名的稻米產地。米鄉等同於日本酒消費量多，兩者間的關係也十分有意思。

以酒類整體消費量來看，新潟及秋田仍是名列前茅，但石川的排名則偏低。可見石川縣民對日本酒非常專情，不會受到其他酒的誘惑，可說是模範日本酒迷。

筆者偶然發現，排名前幾名的縣，也以出產美女著稱，「越後美人」、「秋田美人」、「金澤美人」都是公認的美女。究竟是因為日本酒喝得多所以美女多，還是美女都喜歡喝日本酒呢？

排名第一的新潟縣，酒藏數量也是全日本最多，堪稱日本酒縣。負責釀酒的藏人們想必也愛喝日本酒，貢獻了不少消費量吧。

參考／國稅廳「酒類手冊」 2015年度成人每人平均酒類銷售（消費）數量表（都道府縣別）

第2章

如何在家享受日本酒

選對酒杯會讓日本酒更好喝

純　先前我們在店裡同時品嘗、比較了各式各樣的日本酒，體會了箇中趣味與好玩之處。

米　我原本以為日本酒全都一樣，結果其實各有不同滋味呢。每種都不一樣，都好好喝！

純　還有一點，**酒杯也會讓酒的味道有截然不同的表現**。

米　普通的杯子或茶杯應該不行吧……。

純　酒杯對於**香氣的強弱、甘口或辛口、甚至是適合飲用的溫度都有決定性的影響**。其實在家裡喝酒的一大好處，就是可以自由嘗試各種搭配，希望大家都能選到與酒最合拍的酒杯喔！而且不用花什麼錢（笑）。來我家喝吧，我會教妳各種獨門密技，讓在家喝酒變成最棒的享受！

米　打擾囉……哇！有好多種不一樣的酒杯耶！

純　找遍全世界大概也沒有一種酒像日本酒這樣，可以搭配這麼多不同材質、形狀的酒杯。葡萄酒或啤酒基本上都只用玻璃杯喝，但喝日本酒的酒杯，不論材質或形狀都可說是五花八門。例如，陶器、瓷器、漆器、錫，或是竹子、杉木等自然素材，玻璃酒杯也是從以前就有了。

米　其實我很喜歡備前燒、有田燒、唐津燒，或是越前漆器、會津漆器……等各種傳統工藝品的酒杯呢。

純　酒杯因為體積小，外形可愛討喜，不喝酒的人也很喜愛。**不同材質的酒杯，接觸到嘴唇時帶來的感受也不一樣**。漆器的觸感柔和溫暖，最適合寒冬使用。紅色的漆器酒杯中裝著白色混濁狀的燗酒，這樣的畫面非常有情調。花紋俐落簡潔的切子玻璃杯看起來就彷彿散發陣陣涼意，適合夏天喝冷酒使用。有田燒等瓷器的薄口平杯，能讓人更容易感受大吟釀酒細緻的滋味。那我們就來試試看，酒杯會對酒的味道產生怎樣的影響。妳從這邊挑一個自己喜歡的酒杯吧。

米　那我選這個能裝很多的。

純　不同形狀的酒杯，也有不同的稱呼。妳選的這個是豬口酒杯。**酒杯大致可分為平杯（盃）、豬口、呑杯（ぐい呑み）這三類**，要記起來喔。

米　豬口？跟豬有關嗎？

純　豬口是指圓柱形的酒杯，原本是料理擺盤用的器皿，後來也用來裝蕎麥麵的沾醬，或當作酒杯使用。呑杯是從一口氣把酒喝掉、一把抓起酒杯喝酒的動作而來，指的是比豬口大的酒杯。話雖如此，其實並沒有明確的定義啦。

認識各種使日本酒更美味的酒杯

拿在手上的手感、接觸到嘴唇的觸感，形狀是否好拿……等，每款酒杯各有不同特長。品嘗日本酒時更能清楚感受到其獨特魅力。

陶器

以黏土製作的陶器酒杯帶有暖意，而且具厚度，適合喝燗酒使用。不使用釉藥的備前燒等燒締陶器表面帶有細緻的凹凸，能使味道更溫順。益子、美濃、唐津的陶器最為有名。

瓷器

原料是一種名為瓷石的岩石。瓷器薄而帶有透明感，適合品嘗味道細膩的酒使用。無吸水性，不會發霉。有田、清水、九谷都是著名產地。

漆器

反覆上漆製作而成的漆器觸感滑順，冬天摸起來也帶有暖意。可以襯托出濁酒等白色混濁狀日本酒之美。重量輕、不易損壞且隔熱性佳。越前、山中、會津、紀州皆以漆器聞名。

切子玻璃

玻璃表面刻有花紋，具有高度工藝價值。近來有愈來愈多格紋或條紋等和風摩登的款式，裝了冷酒看起來就像萬花筒般。江戶切子、薩摩切子為代表性的切子玻璃。

玻璃

想要仔細好好確認酒的顏色、味道、香氣時，薄玻璃杯是最適合的選擇。對著光線的話，還能清楚看出酒的黏度。葡萄酒杯可以將香氣集中在圓碗狀的空間內，讓人好好感受香氣。

杉木

將杉木挖空，造型簡潔的豬口酒杯，讓人以愉悅的心情享受清爽杉木香氣。重量輕，掉在地上也不容易摔破。價格低廉，適合帶著一起旅行。

錫

閃爍銀色光芒，具渾厚質感，不易摔破。錫、銀等金屬的熱傳導率佳，所以最能保持冷酒的冷度，連指尖都感受得到冰冷。也因此不適合搭配燗酒。富山、大阪為著名產地。

想在家中開酒會時推薦使用的酒杯

把出去旅行時買回來的酒杯放在籃子裡或托盤上，
讓朋友挑選喜歡的款式來用，也是一種享受日本酒的方式。
如果每款酒都搭配了可以使味道喝起來無比美味的專用酒杯，
能更清楚感受日本酒的滋味，每款酒的特色也會更鮮明。
有機會的話不妨比較看看，不同酒杯會讓一款酒展現什麼樣的變化。

◉純米大吟釀酒、大吟釀酒

味道細膩的酒，自然要搭配精巧細緻的酒杯。大吟釀等級的酒具有獨特香氣，並且多是冷藏之後飲用，建議使用細緻的薄口玻璃杯來感受這優雅的滋味。

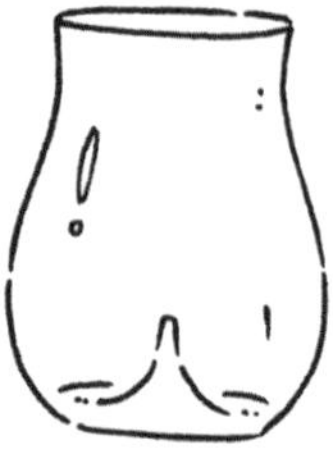

松徳硝子 うすはり大吟醸

杯口收窄的設計，讓香氣不會冒出太多。杯底的凸起是職人以手工方式做出來的，稍微傾斜杯身並慢慢轉動，便能享受吟釀酒的芳醇滋味與香氣。

RIEDEL vinum 大吟釀

老字號葡萄酒杯品牌RIEDEL與日本酒的酒藏共同研發所推出的大吟釀酒專用玻璃杯，能凸顯大吟釀酒的香氣。

◉純米吟釀酒、吟釀酒

吟釀等級的酒香氣稍微較大吟釀等級內斂，並有許多喝起來充滿滋潤水感的款式。建議挑選能讓人感受到吟釀酒果香與潔淨滋味的玻璃杯。

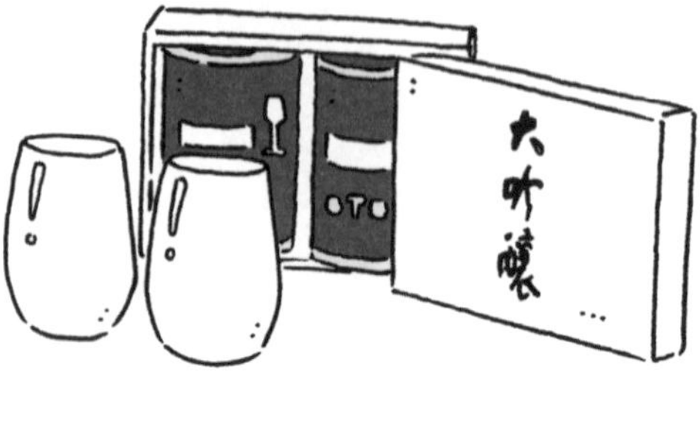

RIEDEL O
大吟釀O taster

適合用來喝具豐盈水潤感的大吟釀酒或吟釀酒。縱長的碗狀造型完美呈現了酒的香氣及入喉感。只有杯身，沒有杯腳的設計便利好用，還可藉由手的溫度讓酒慢慢升溫。

◉純米酒

柳宗理 清酒杯

長年研究民藝的設計師柳宗理，受日本酒造組合中央會的委託，於1970年代設計的日本酒杯。價格實惠，適合想同時比較不同日本酒的味道，需要多個酒杯；或是招待多位賓客的人。

清酒杯（大）【外徑尺寸 口徑68㎜ × 高78㎜ 容量 125㎖】
清酒杯（小）【外徑尺寸 口徑56㎜ × 高65㎜ 容量 65㎖】

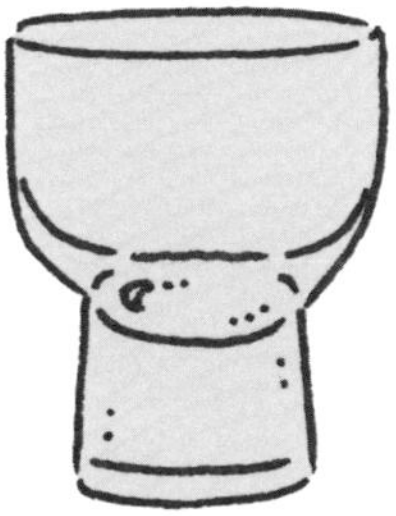

關於清酒杯的設計 — 柳宗理 —

「接受日本酒造中央組合委託，進行『清酒杯』的設計時，我心裡最惦記的，是如何表現出日本酒專用杯的形象。尤其因為是玻璃製，因此必須有別於葡萄酒杯，具備明確的特徵，讓任何人看了都會知道這是日本酒用的酒杯。為滿足帶有日本味、簡潔且帶有新鮮感，當然還有好用等各種必要條件，我苦思了約兩年，設計出這款酒杯。盡快讓更多人認識這款酒杯，並廣為使用，是我最大的心願」。

◉純米酒的燗酒

酒は純米 燗ならなお良し 平杯【直徑8㎝ 高3㎝】

曾擔任財務局課稅物件鑑定官、鳥取縣工業試驗場技官，走遍日本各地指導酒藏的上原浩，出版過多本著作，這款瓷器平杯的名稱便取自他的名言「酒要喝純米的，燗酒的話更棒」。杯口薄，最適合飲用燗酒。平杯的杯口寬闊，能讓酒更容易在口中擴散，將味道傳開。平杯也有助於維持燗酒的溫度。與上原浩有淵源的酒藏及酒類專賣店可以買到這款酒杯。
酒本酒店／北海道等。

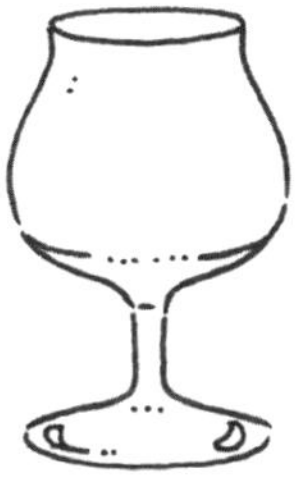

◉老酒

老酒多半口味甘甜、顏色濃郁，通常是少量少量喝，用白蘭地杯也相當適合。

木村硝子店 タサキ 古酒 5oz【口徑48㎜ × 高95㎜ 容量 150cc】

由侍酒師田崎真也所設計。

能襯托日本的長期熟成酒複雜而豐盈的香氣。

◉片口

直接從一升瓶倒酒進酒杯不僅不好倒，也有失情調。建議先倒入名為片口的容器中，再分別斟至酒杯。
片口最重要的是能倒得俐落、不會滴，購買前最好先在店裡試試看。

左）有田燒 古染雲
片口杯（L）180cc 傳平窯

中）有田燒 麒麟花萬曆
片口杯（L）180cc 傳平窯

右）備前燒

使用日本各地代表性酒杯增添喝酒樂趣

日本國土有山林、有原野，有海洋、有河川。不同風土孕育出了不同的酒、不同的酒杯。日本酒杯的迷人之處，就在於運用了陶器、瓷器、漆器、金屬……等各式各樣的素材，酒杯種類如此豐富的國家可說是獨一無二。日本酒搭配不同酒杯飲用，可以創造出無限多種品嘗方式。旅行時不妨留意一下當地的特色日本酒與酒杯，肯定能讓你滿載而歸。

【漆器】津輕塗 青森縣

以漆在作品營造表面凹凸不平的效果，並反覆上漆數十次。將漆研磨至平滑，呈現出斑點狀花紋的唐塗；以及有可愛小圓圈狀花紋的七七子塗最為有名。

【漆器】川連漆器 秋田縣

木材主要選用日本山毛櫸與日本七葉樹。製作過程中反覆進行底塗與中塗，堅固好用，是日常飲酒最實用的選擇。

【漆器】淨法寺塗 岩手縣

多為朱紅色、黑色、紅褐色等單一色彩的素色作品。光澤內斂的質感不負日本最大漆產地之名，獲得了高度評價。

【漆器】鳴子漆器 宮城縣

木地呂塗忠實呈現了木紋之美，以樸實的氣質著稱；運用了墨流技法的龍紋塗則展現夢幻風情。

【陶器】益子燒 栃木縣

濱田庄司將追求「用之美」的民藝運動風潮帶到了益子，使當地成為民藝運動的一大重鎮。歷經時代變遷仍堅守傳統，發展為關東最大的陶器之都。

【漆器】木曾漆器 長野縣

表現了木材原始之美的「木曾春慶」，以及反覆上了數層色漆後研磨而成的「木曾堆朱」是最著名的木曾漆器。

【陶器】備前燒 岡山縣

岡山是締燒陶器最著名的產地，泥土與火焰交織出風格強烈的作品。有說法認為酒杯表面細小的凹凸能讓酒喝起來的味道更好。

【陶器】萩燒 山口縣

略帶象牙色的厚釉藥下方，未上釉的部分透出了橘色，給人柔和的印象。萩燒陶器隨著使用會愈來愈有韻味，博得了「萩之七變」的美名。

【瓷器】砥部燒 愛媛縣

雖然是瓷器，但厚實堅固，風格豪邁不羈，最適合日常使用。平易近人與清新自然的特質充滿魅力。是想暢飲純米酒時的好選擇。

【陶器】小鹿田燒 大分縣

作品表面運用「飛鉋」技法，以金屬刮刀帶有韻律感地鑿出細膩的幾何花紋。因受到民藝運動領導者柳宗悅關注而打響了知名度。

【陶器】美濃燒 岐阜縣

美濃有日本最大陶瓷產地之稱，以白中帶粉紅的志野、深綠的織部、瀨戶黑、黃瀨戶等最為有名。此外還孕育出了眾多著名陶藝家、經典名作。

【陶器】常滑燒 愛知縣

燒締陶器滑順的觸感帶來了其他陶瓷作品所沒有的獨特韻味。朱泥陶器呈現出帶有鐵質的紅色，相當有特色。薄杯壁的酒杯也很適合用來喝純米酒及老酒。

【陶器】信樂燒 滋賀縣
伊賀燒 三重縣

摸起來凹凸不平的觸感、粗獷豪放的風格別具魅力。被稱為真正愛酒的人會喜歡的陶器，比起冷酒，更適合用來喝熱呼呼的鮮美燗酒。

【陶器、瓷器】京燒 京都府

許多作品描繪了花鳥風月、有如京友禪的獨特圖案，色彩鮮艷華麗，京都的典雅風情展露無遺，陶器、瓷器皆有。

【瓷器】九谷燒 石川縣

用色華麗，並繪有賞心悅目的圖案。一面喝酒，一面欣賞杯身圖案是一大樂事。使用金澤酵母（協會14號）釀造，酒質潔淨的日本酒冰過之後與九谷燒酒杯堪稱絕配。

【漆器】輪島塗 石川縣

輪島塗可說是日本代表性的漆工藝作品，運用了沈金彫及蒔繪技法的優美裝飾同樣獲得高度評價。白色的濁酒裝在紅色輪島塗酒杯中形成的美麗對比令人讚嘆。

【陶器】越前燒 福井縣

未上釉藥的紅褐色表層、緊緻而帶有稜角的輪廓為一大特色。多玻璃質的陶土經高溫燒製後營造出獨特觸感，隨著使用會愈來愈滑順。

【漆器】越前漆器 福井縣

越前漆器的職人過去還曾替天皇的皇冠重新上漆。黑漆的動人光澤深受好評。

【瓷器】有田燒、伊萬里燒 佐賀縣

佐賀為日本瓷器的發源地。這裡的瓷器表面潔白光滑，呈現出歷經時間淬鍊的澄澈之美，十分迷人。有田燒在2016年時迎來了創業400週年。

【陶器】唐津燒 佐賀縣

「東之瀨戶物，西之唐津物」這句話說明了唐津燒幾乎就是陶器的代名詞。透過作品可以感受到泥土樸實而堅定的獨特韻味。

【金屬器】錫器 大阪府
【金屬器】錫器 富山縣

日本製造錫酒器的歷史已有1,000年以上，大阪承襲了京錫的傳統，為現今的錫酒器重鎮。富山縣高岡地方運用傳統鑄銅技術打造的錫器也十分受矚目。

在家喝是嘗試各種溫度的好機會

純 日本酒有一項在世界上找不到相同例子的獨特之處，就是可以用各種溫度飲用。從冰涼的冷酒，到暖呼呼的燗酒……該說日本酒很有深度，或是說很有包容力呢……**沒有一種酒像日本酒這樣，適飲溫度的範圍如此大**。

米 其他國家的酒都不是這樣嗎？

純 葡萄酒的話，一般認為白酒冰到10～14℃，紅酒約15℃為適溫。葡萄酒通常不會加熱喝，雖然有像熱紅酒這樣，加水果及砂糖熱喝的喝法，但也僅限冬天。其他會熱來喝的酒，還有中國的紹興酒，熱過之後加砂糖是最常見的喝法。日本酒並不只是單純加熱，在不同溫度還能喝到微妙的口味變化。而且日本酒還有**飛切燗、雪冷等，各種用來表示溫度的優美稱呼**喔。另外，燙口燗也是我很推薦的喝法。

米 該按怎樣的順序喝呢？

純 一種方法是配合料理的溫度。通常一開始上的，都是口味清爽的冷盤類對吧？吃套餐的話，生魚片也會在前半段上來。吃生冷的料理搭配燗酒，會讓嘴巴裡變得要冷不冷、要熱不熱。冷的料理適合搭配冷的酒，接著再慢慢把溫度加上去。所以一開始要先喝冷酒！日本酒近來有愈來愈多口味清新舒爽的氣泡酒，以及完全沒有進行火入殺菌處理的生酒，需要放在冰箱貯藏的酒也變多了。雖然現在流行好酒要冰過喝，其實也有很多酒熱過更好喝。**不要抱有「這種酒就該這個溫度喝」的成見**，在家喝的時候不妨多試試各種溫度！

米 妳最推薦的溫度是幾度呢？

純 這要看是哪種酒。日本酒熱過之後甜味會增加，口味更加圓潤而不刺激，苦味、澀味會變少。尤其在冬天，吹了寒風或遇到下雪，感覺凍到了骨子裡的時候，喝上滿滿一杯燗酒，身體整個都暖起來了，讓人不禁讚嘆「啊！真是太享受了」。

米 似乎比泡澡還要更快能讓身體暖和耶。

純 沒錯！進入了美妙的燗酒世界，效果就和泡澡一樣。不過，也有些酒不適合喝熱的。使用香氣強烈的酵母釀造，標榜香氣與爽口滋味的酒，是以冰過喝為前提。如果熱過頭可能會使得甜味變重、香氣變淡，破壞了整體的平衡。

日本酒的最佳飲用溫度

日本酒的有趣之處就在於，一款酒的味道會隨溫度變化給人不同印象。喝酒時不妨視自己的心情來決定要喝哪種溫度，說不定會意外發現美味的喝法。

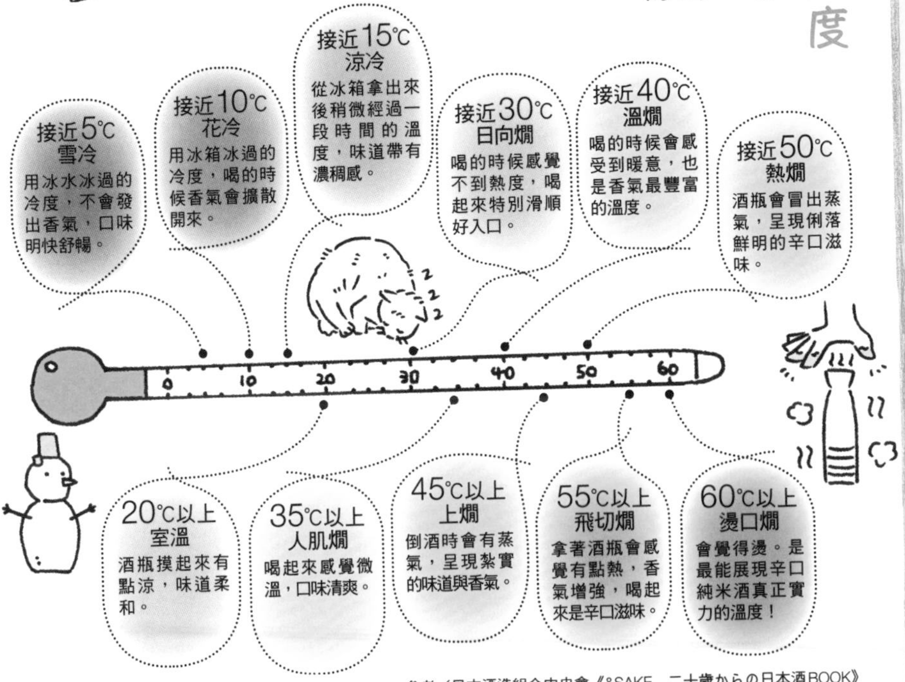

生魚片要配冷酒
燗酒適合燉煮料理或珍味小菜

接近5℃ 雪冷
用冰水冰過的冷度，不會發出香氣，口味明快舒暢。
接近10℃ 花冷
用冰箱冰過的冷度，喝的時候香氣會擴散開來。
接近15℃ 涼冷
從冰箱拿出來後稍微經過一段時間的溫度，味道帶有濃稠感。
接近30℃ 日向燗
喝的時候感覺不到熱度，喝起來特別滑順好入口。
接近40℃ 溫燗
喝的時候會感受到暖意，也是香氣最豐富的溫度。
接近50℃ 熱燗
酒瓶會冒出蒸氣，呈現俐落鮮明的辛口滋味。
0
10
20
30
40
50
60
z
z
z
20℃以上 室溫
酒瓶摸起來有點涼，味道柔和。
35℃以上 人肌燗
喝起來感覺微溫，口味清爽。
45℃以上 上燗
倒酒時會有蒸氣，呈現紮實的味道與香氣。
55℃以上 飛切燗
拿著酒瓶會感覺有點熱，香氣增強，喝起來是辛口滋味。
60℃以上 燙口燗
會覺得燙。是最能展現辛口純米酒真正實力的溫度！

參考／日本酒造組合中央會《&SAKE　二十歳からの日本酒BOOK》

日本酒的飲用溫度

冷酒	涼酒	燗酒
在冰箱冰過的酒。香氣與味道鮮明冷冽。味道較無變化。	室溫、常溫的酒。能喝到酒最直接的香氣與味道。	熱過的酒。酒的甜味及鮮味增加，變得圓潤飽滿，滋味豐富。

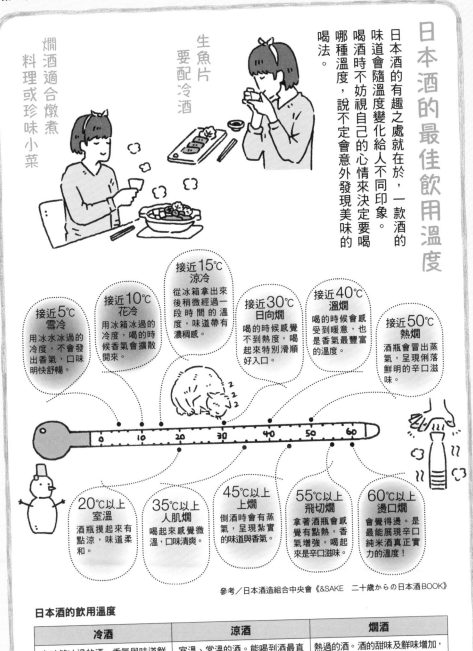

將大吟釀等級的酒熱來喝

純　日本酒熱過之後，會明顯帶出酒本身的滋味，散發稻米溫暖柔和的香氣與味道，搭配溫熱的料理、口味強烈的發酵食品都不是問題。

米　有更多下酒菜可以搭……太好了！

純　加熱之後，除了有喝冷酒時感受不到的飽滿鮮味及甜味，入喉也更為溫和，餘韻不絕。**熱得好的話，可以讓酒的味道整個豐富起來**。不過，也不是不管三七二十一，什麼酒都拿來熱。話說回來，一般認為冷的才好喝的大吟釀酒，其實也可以熱來喝喔！

米　嘎？把大吟釀熱成燗酒，會不會太大膽了啊？

純　那我們來試試看會變成怎樣吧。大吟釀酒最為人稱道的，就是純淨細膩的口味。首先請試試看5℃的**「雪冷」**。

米　好冰！喝起來銳利而輕盈，味道好像在一條直線上一樣。該說給人的印象像是水一樣嗎……？

純　是不是覺得味道清爽明快，比較沒有層次變化呢？那接下來是15℃的**「涼冷」**。

米　雖然冷的，不過有種濃稠的香氣、味道。

純　沒錯。再來是**室溫**喔，大概20℃左右。

米　啊，逐漸有米的味道了！

純　下一杯是稍微熱過，35℃的**「人肌燗」**。

米　啊……我眼前好像浮現了春天的景象。味道變得很圓潤，與嘴唇接觸的感覺也很好，喝進口中不會拖泥帶水。不過，冷酒那種冷冽明快的滋味也讓人放不下呢。

純　有沒有一種冰山美人遇到太陽後融化了的感覺呢？一款酒會在不同溫度下展現出各式各樣的風貌。但因為大吟釀酒十分敏感，建議不要熱到太高溫。

純米酒的燗酒可以喝熱一點

純　接下來要喝純米酒的燗酒囉。請妳先在室溫下直接喝一點，記住它的味道。只要一小口就可以了。然後我要直接加熱到50℃囉！也就是**「熱燗」**。

米　室溫的純米酒，嗯，香氣和味道都很柔和，完全沒有尖銳的感覺，像是一個很親切和善的人。那我來喝喝看「熱燗」。啊……彷彿在簷廊睡了個很舒服的午覺，暖洋洋的，但又有一種明快的口感。很好喝！我喜歡這個。

純　當溫度往上升，香氣和味道會愈來愈圓潤，口味漸漸地變得紮實。那麼，來喝下一杯，55℃的**「飛切燗」**吧。

米　啊、喝起來俐落舒暢，感覺變成了帶勁的辛口酒。

純　當酒熱到了50℃以上，溫度愈高會愈有辛口酒的感覺。我曾經向一位認識的酒藏主人問過，「你自己喜歡喝多少度的酒呢？」，他回答我「我比較小氣，會先**把酒熱到65℃以上，邊等酒變涼邊慢慢品嘗**，然後在變涼的過程中，找出自己喜歡的溫度」，真是個好方法呢。

米　65℃？那麼熱沒關係嗎（驚）？

純　未必每種酒都可以，不過畢竟酒是嗜好品，所以每個人的喝法各有不同！在家裡喝的好處就是，想把酒的溫度熱得更高一點也沒問題，可以盡情嘗試，不用有任何顧慮。

燗酒會讓下酒菜加倍美味

純　燗酒最值得一提的特色，就是跟下酒菜很搭。對了，妳知道有什麼日本的食材是不適合搭配葡萄酒的嗎？

米　跟葡萄酒不搭的食材嗎？

純　像是鹽辛花枝之類的醃漬物、納豆、魚醬這一類，有著濃郁鮮味的日本傳統發酵食物，我把它們稱為「地獄食材」。有機會的話，妳一定要試一下納豆配葡萄酒。兩邊互相把不好的部分完全激出來了，味道有夠恐怖。不過，味道再怎麼強烈的食材，搭配熱過的日本酒，都會變得圓潤美味喔。來，妳試試看喝這杯「熱燗」配鹽辛花枝。

鹽辛花枝、納豆、
珍味小菜配上燗酒，
全都變得鮮美可口

米　喔……喔！鹽辛花枝的味道變得好溫和喔！

純　這就是燗酒的效果唷。殘留在嘴裡的味道不會讓人覺得討厭，是因為酒精有類似清除食材味道的效果。讓人可以繼續品嘗下一道下酒菜！接著請妳吃一點剛才的鹽辛花枝，再喝口水。

米　呃……鹽辛花枝的味道一直留在嘴巴裡散不去，而且有夠腥的……。

純　沒想到水和酒會讓嘴裡殘留的味道差這麼多吧？**燗酒和海鮮的發酵珍味小菜可說是天作之合**。接下來再請妳試試烤過的螢烏賊乾搭配燗酒。螢烏賊乾除了鮮味之外，還略帶苦味。**乾貨類珍味小菜**的鮮味會隨咀嚼一點一滴湧上來，**和純米的熱燗堪稱絕配**。

米　仔細嚼過螢烏賊乾之後，再喝熱燗是嗎……哇！鮮味不斷冒出來耶，美好滋味好像無止境一樣。

純　冷酒、燗酒兩者各有優點。建議料理先從味道淡的、涼的開始吃，然後再吃熱的，口味逐漸加重；酒的話一開始先喝大吟釀等級的冷酒，愈往下可以挑精米步合%數愈大的酒熱來喝。同一款酒如果以不同溫度飲用，適合搭配的料理也不一樣，喝起來的感覺截然不同！日本酒很有趣吧！

米

一瓶酒可以喝到兩種、三種不同的美味，我也要自己在家試試！

純

再來說到酒杯，**喝燗酒建議用小的平杯少量少量喝**。杯子小的話，喝的時候酒的溫度比較不會有變化，也方便一次喝一點，多做不同嘗試！用大的吞杯或玻璃杯可能一不小心就灌下太多，不是好的選擇。也不要一口氣把酒乾掉，日本酒要慢慢啜飲，用心細細品味才對。我曾經量過古早時候的平杯有多少容量，結果其實很小，連一大匙酒都裝不了。以前的人喝酒時可以一直互相斟酒，除了因為當時日本酒的酒精濃度不像現在那麼高，還有就是平杯的容量其實沒多少。燗酒記得要用平杯一點一點慢慢喝喔！

乾貨就要搭純米酒的燗酒！

螢烏賊等海鮮的乾貨、珍味小菜除了鮮味，還帶有苦味及澀味。搭配純米酒的熱燗，吃起來會感覺這些食材好像溫柔地裹上了鮮味的外衣。即使過了一段時間酒變涼了，搭起來依舊美味，讓人深切體認到「酒要喝純米的，燗酒的話更棒」這句話。

你幫我斟、我幫你斟～

一起喝酒的人彼此互相斟酒，一杯接一杯地喝，是日本特有的喝法。這並不是因為以前的人酒量比較好……而是酒在過去會加水，酒精濃度較低的關係。而且酒杯也小，只能裝10～15㎖。過去可以和藝伎互相斟酒對飲，原因同樣是酒精濃度與酒杯容量的不同。

自己動手熱燗酒

米　要怎麼做才能熱出美味的燗酒呢？

純　**加熱建議用水浴的方式**。要準備的道具包括日文稱作德利的酒瓶，或一種名為銚釐的熱酒專用容器；還有小鍋子、溫度計。酒倒進德利或銚釐之前，有件事一定要做，就是先裝一些熱水，再把水倒掉，重複大概兩次。

米　熱水要倒掉是嗎？

純　這樣做可以將裡面的氣味或灰塵沖掉，順便把德利或銚釐熱一下，可說是一舉三得。那我們就開始吧。先用小鍋子把水煮開，可以讓德利或銚釐大部分泡進熱水裡的水量就行了。

米　我家好像沒有小鍋子耶……用來熱牛奶的鍋子裝不了那麼多水。

純　如果沒有大小剛好的小鍋子，用水壺或碗公也可以。

米　那不就像鬼太郎的爸爸嗎？

純　沒錯沒錯，就想像成德利在泡澡一樣。水煮開後，倒進德利將瓶內沖一下，這樣做大約2次。把水倒掉後，就是重頭戲了！酒要倒到接近德利瓶頸的高度喔。因為德利瓶口較窄，倒的時候可以用漏斗輔助。

米　我倒……嗯，倒好了！

純　接著把德利放進裝了熱水的小鍋子或碗公裡，就像是讓日本酒舒服地泡個澡。瓶身確實泡進熱水中，**基本上泡一分半會熱到30℃、兩分鐘40℃、三分鐘50℃**，不過這會隨德利的厚度及材質而有不同，浸泡過程中最好確認一下溫度和味道。

米　燗酒大概熱到幾度比較好呢？

純　這要視酒的味道和個人喜好而定，並沒有標準。最好的方法就是喝一點試試看（笑）。沒有比這更棒的喝法了！

❶ 德利中注入熱水，再把熱水倒掉，將德利熱一下。

❷ 將酒倒入德利之中。

❸ 德利放進裝了熱水的鍋子或碗公中，水要能浸到接近瓶頸處。

若用微波爐加熱

酒會因為容器形狀的關係而受熱不均，可能德利的瓶頸已經熱了，但酒還是溫的。將酒攪拌一下，或倒到其他德利可以使溫度均勻。

熱酒器具大小事

純　倒酒到德利或銚釐時要注意一件事，**酒在加熱後會膨脹，所以不要倒太滿**。聽說以前的居酒屋店員依常客的喜好熱酒時，沒有在用溫度計的。大概是用手摸德利底部的溫度，或是看液面上升了多少來判斷吧。不過最好的做法，還是放溫度計下去量！用三百日圓左右，最便宜、最簡單的溫度計就行了。

米　那有什麼推薦的德利或銚釐嗎？

純　**熱傳導率最好的材質是金屬**。銚釐最貴的是錫製的，再來是不鏽鋼、鋁製。愈薄的材質導熱愈快。而且金屬製的就算摔到了也不會壞，用起來比較放心。

米　這對我來說可是一大優點！

純　瓷器與耐熱玻璃熱酒也滿快的。用**陶器的德利**熱酒雖然花時間，不過因為瓶身較厚，具有**熱了之後不容易涼掉**的優點。而且陶器的另一項好處是，用手直接拿瓶頸也不太會被燙到。每種材質都各有其優缺點。如果沒有德利或銚釐的話，用小玻璃瓶也可以。某位酒藏主人曾教我，「汽水瓶因為瓶身厚，可以用來代替德利」。

米　原來如此。不一定要特地採買器具，用家裡現成的東西也可以。

純　熱完酒後，別忘了將德利等器具清洗乾淨。由於陶器會吸水，用完後必須用熱水清洗，並讓內部乾燥。德利的裡面並不好洗，所以洗的時候要仔細、確實。**保持清潔是熱出美味燗酒的第一步！**

使用溫度計讓人更安心

金屬製銚釐的熱傳導率比陶器或瓷器德利高，因此熱酒的速度比較快。對銚釐的特性還不習慣的話，不妨使用溫度計，這樣就不用擔心熱過頭了。

適合熱來喝的酒

米　要如何挑選適合熱成燗酒的日本酒呢？

純　當然要選熱了之後味道更棒的酒囉！這種酒稱為**「熱過更好喝的酒（燗上がりする酒）」**。

米　酒標上會標出來嗎？

純　很遺憾，酒標上面並不會寫這款酒是「熱過更好喝的酒」或「適合熱來喝的酒」，偶爾才會有酒標示出來。大吟釀酒或吟釀酒屬於冰過之後比較好喝的酒，要熱的話頂多只能熱成溫燗。「熱過更好喝的酒」美味程度則會因為加熱而大幅提升，鮮味或酸味紮實的酒尤其如此。因此，挑選時的第一項基準是**精米步合數字大的純米酒**。

米　我記得！純米酒的精米步合就算是100％也ＯＫ！

純　沒錯。而且，不是新酒，歷經熟成、過了秋天才上市的酒，會帶有鮮味。所以要記得確認出貨的年月！另一項基準則是釀造方式。生酛或山廢的酒，是運用天然乳酸菌釀造，多半是帶有鮮味、醇味、酸味等複雜滋味的濃醇類型。這類酒熱成燗酒很好喝！不妨當作挑選時的參考。

米　了解！**如果想喝熱的酒，就挑純米酒，而且是生酛或山廢的酒**，我記下來了。

秋鹿「山」
山廢純米酒

酒標上的「山」字為一大特色。口味紮實渾厚，熱為燗酒可充分表現出層次感。
秋鹿酒造／大阪府

生酛釀造

生酛釀造的純米濁酒。熱到燙口的65℃不但無損於酒的風味，喝起來還更為帶勁美味。
久保本家酒造／奈良縣

黑松劍菱

傑出的混合技術帶來豐潤滋味，造就了這款經典長銷酒。一般人對這款酒的印象多為一升瓶裝，不過也有便利的一合（180㎖）小瓶裝，直接泡到熱水裡，就可以熱成燗酒了。
劍菱酒造／兵庫縣

白飲正宗 生酛純米 譽富士

酒米為靜岡縣開發的「譽富士」。熱成燗酒後，濃厚的鮮味與酸味會更為清晰鮮明。
高嶋酒造／靜岡縣

日置櫻 鍛造生酛 強力純米酒

以熱成燗酒為前提釀造的2年半熟成酒。熱過之後能喝到酸味與鮮味巧妙融合的美好滋味。
山根酒造廠／鳥取縣

嘗試各種燗酒樂趣無窮

純　我們都知道，燗酒會深入五臟六腑，滲透到身體的每個角落。燗酒的鮮味和紅燒魚或烤魚、關東煮、鰤魚燒白蘿蔔等，帶有醬油或高湯味的料理、炸物都很搭。另外，酒精可以清除口中的油脂，讓人重振旗鼓迎接下一道料理！

米　關東煮配燗酒，感覺很棒喔！

純　配關東煮的黃芥末，和香醇的純米酒燗酒可說是完美的組合喔。另外我還推薦中式料理！搭配長期熟成酒的滋味棒極了。如果吃韓式料理的泡菜之類辛辣的食物，喝**日本酒濁酒的燗酒**，絕對比啤酒、馬格利、燒酎好多了，不僅能減輕辣味，還增添了鮮味。

米　咦？濁酒的燗酒嗎？我沒有喝過耶。

純　我說的是沒有添加糖類，喝起來不甜的濁酒喔。熱成燗酒之後口感很滑順，會有一種把妳帶上了天堂的感覺！除此之外，還有很多都是**熱過之後會「變身」的酒**。原本以為喝起來俐落爽口的辛口酒，也有可能**變成鮮味飽滿豐潤、超乎想像的燗酒**。希望妳也能體驗這種令人讚嘆「好喝！」的感動。

滿是醬油與高湯鮮味的關東煮，就要配帶有純米酒醇味的燗酒。

中式料理鮮味濃郁，與長期熟成酒的燗酒最對味。

熱燗還可以這樣喝！

純　只靠溫度變化，就能呈現出不同的美味，是日本酒最深奧、迷人之處。即便是同一瓶酒，也有的日本酒以溫燗喝起來時帶有淡淡芳醇滋味，熱燗就變得俐落爽口。日本酒實在太有趣了！

米　喝酒的樂趣也變得更豐富了！燗酒和料理有沒有什麼出人意料的推薦組合呢？

純　有喔，像是**起司與熱燗**。起司是藉由乳酸菌製成的發酵食品，**與同樣是發酵食品的日本酒搭起來超對味！**尤其生酛或山廢的酒，運用了天然乳酸菌釀造，具有複雜的微妙變化與富含深度的「酸」，是最完美的搭檔。而且，經過熟成的藍紋起司和日本酒一起品嘗更是美妙。我來告訴妳幾種有趣的吃法吧。聽起來雖然像在耍人，不過將起司和納豆拌在一起送進嘴裡，然後喝一口帶有酸味及鮮味的濃郁系熱燗，味道非常搭喔，超神奇的！該說這是只有熱燗配得起來的奇妙組合嗎（笑）！帕瑪森起司和熱燗也很搭，酒會讓口中的脂肪自然地融合在一起，啊……沒有比這更棒的滋味了。

米　哇！真是意想不到的組合！熱燗和起司，我一定要找機會試試看。

純　**煮起司火鍋時也可以不放葡萄酒，改加日本酒**喔。另外，酒精濃度比較高的酒，不妨試試加點水之後熱成燗酒。如此一來，酒精濃度和味道都會變淡，變得更滑順、容易入口。**我把這稱為「摻水燗酒」**。

米　用水稀釋嗎？像美式咖啡那樣的燗酒？

純　酒在熱過之後，味道會更豐富。**建議的比例是一合酒加一大匙，或一平杯水**。這樣的水量，喝起來沒什麼用水稀釋過的感覺。加更多的話，就有可能會被抓包了（笑）。出乎意料的是，不少人覺得這種摻水燗酒喝起來柔和又好入口。

米　很適合酒量不好的人喝呢。

純　不過，這種「摻水燗酒」請用醇味及酸味紮實的醇米酒來試。喝的時機也要挑在稍微開始感覺到醉意的時候。如果酒涼掉了，就會喝得出來有稀釋過，有可能會讓其他人覺得掃興，所以大概熱一合燗酒就好。在酒變涼前就能喝完的量是最理想的。日本酒未必什麼都不加、喝純的最好，有機會的話試試看摻水燗酒吧。

熱燗與起司一同演奏出鮮味與香氣的美妙樂章

起司是藉由乳酸菌製成的發酵食品，
與同為發酵食品的日本酒非常搭！
生酛或山廢與起司一樣，都用到了天然乳酸菌，
兩者富含深度的酸味堪稱無與倫比的組合！
而且熱燗可以溶解起司的脂肪，
在口中美妙交融！

鮮味與醇味
交織混合在一起。
只能用絕配來形容！

日本酒起司火鍋

起司火鍋一般都是放葡萄酒，用日本酒代替葡萄酒，則會呈現溫順的滋味。建議使用卡芒貝爾起司，再灑上滿滿的粗粒黑胡椒。

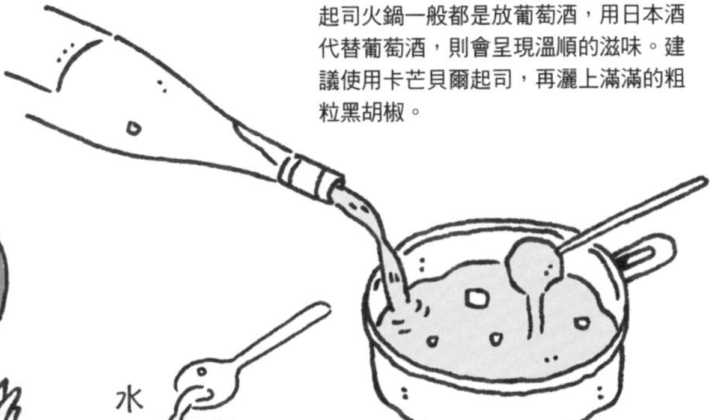

摻水燗酒

日本酒熱過之後味道會更為豐富。用少於一成的水稀釋，可以降低酒精濃度，並變得更好入口。不過，酒一旦變涼了，就會喝得出有稀釋過，因此建議一次熱一合左右就好，以免喝不完。

冰過更好喝的日本酒

米　有的酒是熱過之後好喝，有的酒則是冰過比較好喝對吧？

純　每款酒都有自己的個性和特色，挑選能夠發揮這些特性的溫度品嘗，喝起來是最棒的。

米　如果覺得「今天想先喝冰涼的酒！」，該從何喝起呢？

純　那我就先來介紹冰過之後會更好喝的酒。首先是**活性濁酒**，這是一種會冒泡泡的氣泡日本酒。不過，**一旦不冰涼了，氣泡會變少，爽口暢快感也沒了**；不知為何，有時還會只剩下甜膩的味道，喝起來實在不怎麼樣……。

米　就像溫的啤酒那樣吧？

純　沒錯。難得喝有氣泡的日本酒，如果不小心讓酒變溫了，就享受不到暢快感了。建議先冰在冰箱裡，要喝的時候才拿出來開瓶。接著來告訴妳白色的活性濁酒怎樣喝最美味。首先將充分冰過的酒慢慢倒出來，只喝上層澄澈的部分。酒瓶晃動太大的話，沉積在底部的酒渣會跑上來，所以要輕輕、慢慢地倒。這樣能喝到俐落清爽的味道。接著，搖晃酒瓶讓酒渣與酒混在一起以後再喝，應該會在暢快的滋味中感受到帶著些許香醇的鮮味。

米　冰涼舒暢的碳酸酒，似乎很好喝呢。氣泡日本酒要冰過再喝……嗯，記住了。其他還有什麼冰過比較好喝的酒嗎？

純　**純米大吟釀酒**或**大吟釀酒**等，將糙米削去一半以上釀出來的高級酒。帶有蘋果或香蕉之類的果香，像潔白花朵般散發絢爛華麗氣息的酒。大吟釀等級的酒乳酸、琥珀酸較少，清爽的蘋果酸或檸檬酸較多。這一類酒要冰過，香氣才比較明顯，口感也更為暢快清爽，喝得到水潤清涼感。

米　原來如此，大吟釀等級的酒愈冰喝起來愈舒暢。

純　還有一種比較特殊的，是生酒直接冷凍而成的「**凍結酒**」。從冷凍庫拿出來後，將冰沙狀的酒裝進玻璃杯，不僅看起來新奇，還能品嘗前所未有的日本酒新口感。而且冷凍貯藏可以防止生酒變質，可說是一舉兩得。

不需解凍直接享用的「冰塊酒」

凍結酒是生酒冷凍而成，口感冰涼的日本酒。好好感受酒在舌頭上逐漸融化的滋味吧。

萬歲樂 純米吟釀　白山冰室

靈感來自加賀地方的夏季盛事「冰室之日」。使用特AA地區的山田錦釀造，並在冷凍狀態下貯藏＆運送生的純米吟釀酒。可以吃到冰沙般的爽脆口感，清新又舒暢。
小堀酒造店／石川縣

福壽 凍結酒、凍結梅酒

凍結酒是生酒瞬間冷凍而成，能同時享受暢快口感與冰涼滋味。另外還有梅酒冰凍成的凍結梅酒。喝的時候可以淋點水，用湯匙或攪拌棒將稍微融化的地方攪成冰沙狀，再裝至玻璃杯。
神戶酒心館／兵庫縣

有些酒在冰過之後喝起來更美味喔。這可是拜冰箱普及之賜才出現的喝法呢。

打開冷凍庫看到有日本酒，真是太開心啦

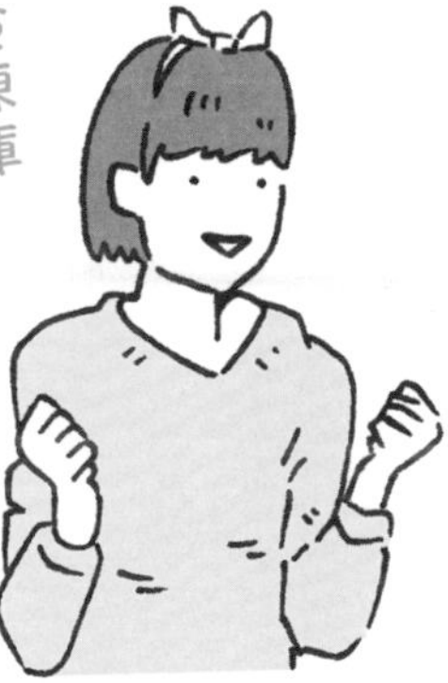

冰凍的日本酒還可以當甜點

純　所以說，將日本酒冷凍過再喝的方法也有自己的一片天地喔！不過請妳牢記一件事，**日本酒愈冰，愈感受不到甜味及鮮味**。所以要注意，別看到是好酒就拚命冰，結果冰過頭了。剛從冰箱拿出來的酒大概只有5℃左右，味道還沒打開來，可能會讓人覺得「什麼啊……這酒也太淡了吧！真差勁」。不過反過來說，如果想喝淡一點、沒那麼甘甜的味道，放手把酒冰下去也是一種方法。

米　啊！冰淇淋也是，溫度上升的話會變比較甜。碳酸飲料倒到杯子裡，如果放一段時間才喝，有時候氣就會跑掉，變得太甜、不好喝。

純　正是如此。溫度愈低，味道就愈趨於單一。但這樣有個好處，就是也不容易感覺到酒的缺點。前一頁介紹的凍結酒，是以專家才會的特殊製程冰凍而成。不過，如果是「霙酒」，自己在家就可以做。如果覺得某款酒的香氣與味道不怎麼樣的話，不妨冰在冷凍庫試試看。將日本酒倒進厚實不易破、附夾鏈的保鮮袋，在冷凍庫冰一晚以上。由於酒含有酒精，因此不會像水結成的冰塊那樣整塊硬梆梆的，而是變成**有如冰沙般口感爽脆的霙酒**。淋在哈密瓜上，就成了大人口味的水果冰沙！

米　帶有果香的大吟釀酒搭配水果應該很不錯喔。

純　可以在玻璃杯裡裝些葡萄，淋上結凍的日本酒，再以湯匙攪成冰沙狀享用；換成水蜜桃、芒果、奇異果一樣很搭唷！水果也一樣冰凍過的話更棒！不妨將水果切成方便食用的一口大小，搭配冰凍的酒嘗試看看，切片水果與日本酒一同冷凍也不錯。很適合當作消暑冰品或甜點！

米　水果和霙酒的香氣、顏色都很迷人呢。啊……我一定要試試看！

純　如果想來點比較特別的，可以試著冰凍白色的濁酒。混濁的酒渣部分會呈現出另一番風味。無酒精的**甘酒經過冷凍後，也成了無比美味的冰品！**別忘了試試看喔。如果冰過頭了，覺得味道無法接受的話，只要再重新加熱就好了。

米　就像妳說過的，可以多嘗試不同溫度的酒。

純　冰凍的日本酒用切子玻璃杯來裝的話，看起來很美喔。盛夏時節的日本酒，不論是加冰塊或凍過再喝都很棒，而且看了也讓人覺得舒服呢。

冰凍讓日本酒的味道豐富了起來

日本酒最引人入勝之處，就是有許多啤酒或葡萄酒學不來的品嘗方式。

如何做出口感有如冰沙的霙酒

將日本酒倒入附夾鏈的保鮮袋。酒瓶直接放進冷凍庫冰的話，會因為瓶內的酒膨脹使得瓶身破裂，造成危險。

⇩

封緊袋口，外面再套上一層塑膠袋，避免氣味與其他食材互相干擾。放置於冷凍庫一晚以上。

⇩

含有酒精所以不會凍得硬梆梆的，可以享受有如冰沙的爽脆口感。

用霙酒做出美味冰品

濁酒（或甘酒）冰沙

白色混濁狀的濁酒在冰凍之後，顏色看起來有如牛奶。無酒精的甘酒在凍過之後，也是無比美味的冰品！可以日式甜點般放些紅豆、淋上抹茶，或者搭配香蕉享用都很不錯！

水果冰沙

葡萄、水蜜桃、芒果、奇異果之類帶有酸味的水果，與日本酒非常對味。也可以切成一口大小和酒一起冷凍。如果希望酒精濃度低一點，可以加點果汁再冰凍。

跟隨四季變化品嘗日本酒　春夏

純　喝日本酒也能感受到美妙的四季風情喔。

米　妳指的是春夏秋冬的酒嗎？

純　日本酒基本上是在冬天釀造，不過不會一下把貨全部出完，也有許多等到特定季節才推出的期間限定酒。賞花喝的酒，或秋天上市的「冷卸」便屬於這一類。

米　酒的味道會因為四季而不同嗎？

純　寒冬時節釀造的酒，會隨時間經過逐漸熟成。至於會如何變化，不妨親自品嘗看看。

「寒仕込」造就了可口美酒

純　大寒的節氣過後，是釀酒的高峰期，最頂級的純米大吟釀酒及大吟釀酒都是挑在這個時期釀造。這段期間是一年之中最冷的時候，小寒至立春前一天的三十天叫作寒之內，大寒正好處在中間的位置。此時進行的釀酒作業被稱為**「寒仕込」**，除了釀酒之外，也很適合趁這段天冷的時間製作凍豆腐、寒天、味噌。

冬　冬天雜菌較少，是最適合釀酒的季節，此時的釀酒作業稱為寒仕込。1年的釀酒工作由此展開。

米　妳的意思是，冷颼颼的天氣對大吟釀酒比較好嗎？

純　這個時期的水叫作**「寒之水」**。尤其「寒九之水」，也就是在寒之內第九天取的水，更有「釀出來的酒不會腐敗」、「水質最為澄澈」等說法。據說寒之水雜菌少，可以釀出適合貯存的頂級好酒。

米　原來如此，選在寒冷的時期釀酒有這樣的理由啊……。

純　因為二月還有節分，許多時候還會下大雪。節分的炒大豆配雪見酒也不錯呢。

米　窩在暖桌裡喀豆子、喝雪見酒，超棒的！

春天要喝剛榨的新酒、生酒、花見酒

純　三月初有所謂的桃之節句，飲用讓人聯想到白

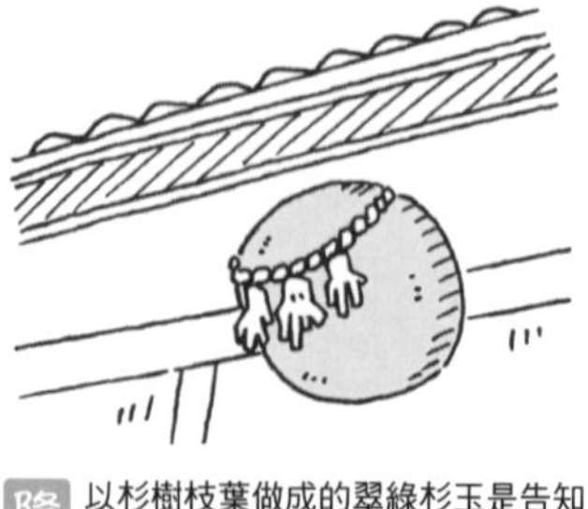

隆冬　以杉樹枝葉做成的翠綠杉玉是告知「新酒釀好了」的記號。剛釀好的酒還帶有些許氣體，口感清新。

雪或桃花花苞的白色濁酒，十分風雅呢。**屬於才剛榨的新酒，而且帶有酒渣、像是清淡霙酒般的濁酒**也只有這個時候喝得到喔！

米　就是壓榨的時候帶有酒渣的酒對吧？**恰到好處地殘留了些許氣體，口感超清新！**啊……讓人覺得反璞歸真。

純　白色的酒倒在紅色漆器裡，搭配起來美極了。記得要先把酒裝到片口杯中再倒喔！另外，過了三月廿日前後的春分之後，就像「冷到春分，熱到秋分」這句俗諺說的，差不多開始預測櫻花的開花時間，準備賞櫻了！日本酒又有了出場機會。日本人喜愛櫻花，因此許多日本酒的酒名都有「櫻」這個字，隨便就可以舉出「阿櫻」、「出羽櫻」、「御代櫻」、「四季櫻」、「黃櫻」、「櫻吹雪」、「日置櫻」、「美和櫻」、「玉櫻」等例子。下次賞櫻時，邊飲用日本各地酒名裡有「櫻」字的日本酒，肯定更有情調。我最推薦春季限定，口感清新的新酒。也別忘了以不同溫度品嘗看看喔，尤其是**「花冷」**的溫度。在櫻花樹下喝，感覺會更不一樣。歡迎多用不同方式感受各式各樣「櫻」酒的滋味！

春　春天有3月的桃之節句、4月的賞櫻等許多樂事。櫻花季期間就喝「花冷」溫度的日本酒吧。

米　下次賞櫻時，就來喝名字有「櫻」字的酒！

夏天喝冷酒、涼酒或加冰塊、蘇打水喝

純　過了春天，來到初夏時節，僅加熱殺菌一次的**「生詰酒」及「生貯藏酒」**會在此時上市。

米　說是生，卻又不是真的生，啊……「生」的酒好麻煩啊！

純　是啊。不過**能喝到各種火入處理順序、次數不同的酒**，是這個時節的一大樂趣。邊看螢火蟲邊喝也不錯喔。

米　生酒和不同的火入次數！沒喝過的話還真不知道。

純　接著正式進入夏天！這時候會出現許多裝在淺藍色酒瓶裡，或融入了夏季元素的「夏酒」。夏酒可分為降低了酒精濃度的**低酒精型**、口感暢快的**氣泡酒**，以及刻意**加重酒精濃度及口味的生原酒型**！這是考量到加冰塊飲用所做的調整。

米　咦？日本酒加冰塊喝？雖然感覺很意外，但可以想像它的美味，讓我好想試試看！

夏　僅加熱殺菌一次的生詰酒及生貯藏酒冷藏之後喝起來很帶勁。酒精濃度較高的原酒可以加冰塊一起喝。

跟隨四季變化品嘗日本酒　秋冬

秋天有冷卸、菊酒、月見酒

純　現在應該漸漸體會到，一年四季可以享受各種不同日本酒的樂趣了吧？

米　是的！剛釀好的酒口感清新，隨著火入處理次數的不同及時間經過，味道也產生了變化。也清楚認識到日本人自古以來配合各季節的習俗喝日本酒的文化了！

純　春天遠離、度過了炎熱的夏天，到了昆蟲鳴叫聲不絕於耳的秋天，室外的氣溫與酒藏內的溫度趨於一致，便是期盼已久的……

米　**「冷卸」**登場了！

純　沒錯！冷卸的季節來臨了。所謂的「冷卸」，是春天榨的酒只經過一次加熱殺菌，便在槽內貯藏至秋天，然後裝瓶，不進行第二次火入處理便直接出貨的酒。**有些酒藏會將酒裝在瓶內貯藏，這種酒則叫「秋上」**。兩種都是「最可口的秋天當令美味」。不過「冷卸」每年出貨的時間愈來愈早，近年來甚至有酒藏在氣溫還很高的八月底就推出了。

米　夏天還沒有想喝的感覺耶。不過，「生詰」的酒也是只進行一次火入處理就出貨了對吧？所以說……跟「冷卸」一樣？

純　不錯！妳注意到了！是的，這兩種酒都只有在榨好後進行過一次火入處理，火入次數相同。

米　嘿嘿嘿（一副得意的樣子）。

純　剛榨出來的酒味道十分有意思，這正是剛釀好的酒吸引人的地方。此時的酒還保留著粗獷豪放的感覺，帶有不受控制的氣質，別有一番趣味！等熟成到了秋天，磨去了稜角，味道會變得圓潤，喝起來豐盈飽滿。搭配鹽烤秋刀魚、松茸土瓶蒸、涼拌柿子、番薯天麩羅等秋天當令美食非常對味！

米　食慾之秋！飲酒之秋！日本酒之秋來了！

純　九月九日是重陽之節句，冷卸也很適合灑上菊花花瓣做成菊酒喔。秋天還有賞楓、在芒草及糰子作陪下飲用的月見酒等，各式各樣少不了日本酒的習俗喔。

米　每種我都愛！秋天有好多享受美酒的機會啊。

冬天就要喝口味成熟豐潤的酒

純　到了刮起寒風、天氣轉涼的晚秋時節，也讓人開始懷念燗酒的滋味了。隨著年關將近、寒冬到來，採買致贈親友的禮物、忘年會、迎接新年的準備都少不了日本酒！冬天也代表**品嘗日本酒一整年成果的時刻**。放到這個時候的日本酒，具有美妙的成熟滋味。

米　也就是涼的好喝，熱過更好喝的酒對吧！溫燗、人肌燗，還有熱燗、飛切燗！就算要凍僵了，只要喝上一口，身、心都由內而外暖起來了！

純　而且還有很多美味的當令食材喔！長牡蠣在這個時候最好吃，可以做成炸牡蠣、土手鍋、關東煮，或放進鱈魚火鍋、米棒鍋享用。

米　啊……好想吃火鍋配熟成過的日本酒喔。

純　河豚的鰭烤過之後，放進熱呼呼的燗酒中，稍微蓋一下再點火，就成了香氣撲鼻又鮮美的「魚鰭酒」！這樣喝也不賴！**天冷的時候，就輪到日本酒的燗酒出場了**。

秋　食慾之秋是新米的季節，並且有秋刀魚、松茸、柿子、栗子等豐富的當令食材。這個時期上市的酒稱為「冷卸」，口味溫順，最適合搭配秋天的美食。

冬　日本酒經過了春、夏、秋，到了歲末之際，呈現出圓潤豐盈的熟成滋味。天冷時喝上一杯燗酒，就像泡了熱水澡般舒暢。吃火鍋也別忘了配熟成酒的燗酒，可以讓身體從內到外都暖呼呼。

秋　日本人自古以來便依循四季變化生活，並隨季節變化發展出了各式各樣的飲酒方式，酒與季節的關係可說是密不可分。中秋賞月的習俗，是農曆8月在滿月之夜舉辦的豐收節，結合了欣賞月色的風雅行為演變而來的。9～10月的仲秋時節，以口感圓潤的冷卸最為美味。賞月的同時記得對酒的原料──稻米心存感激，在月光下來一杯吧。

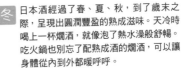

日本酒與下酒菜的關係　這樣配讓美味更加倍

米　葡萄酒與料理的搭配是一門學問，那有沒有什麼和日本酒特別搭的料理呢？

純　當然有！葡萄酒是很挑料理的，適合搭、不適合搭的例子都很多。某些搭配甚至會讓酒與料理產生衝突。例如，有的葡萄酒是因適合搭配牡蠣而出名，但反過來說，這也代表有許多葡萄酒不適合搭配牡蠣。正因為如此，出現了完美的組合時特別令人感動。

米　原來如此……那這樣說來，日本酒的好球帶大多囉。

純　沒錯。日本酒是很有包容力的。話雖如此，還是會有適合、不適合搭配的東西喔！葡萄酒和生魚尤其不好搭，不過日本酒與生魚片可是非常對味。酒可以增加鮮味，明快的口感還能使口中感覺清爽。吃生魚片時配的是水或酒，會給人截然不同的感覺。搭配日本酒一同享用，吃起來會更加美味，並留下美妙餘韻。不過生魚片也是有分種類的，像是清淡的白肉魚、鐵質較多的紅肉魚、帶油脂的青背魚等。不同種類的魚不僅口味相異，使用的調味料和佐料也不一樣。是要配鹽與檸檬吃，或醬油加芥末、加薑，都得看是否和食材相搭。還有，酒的溫度也很重要！日本酒與料理搭配的原則是**「清淡的配清淡的，濃郁的配濃郁的」**。產地和酒也有一定關係。離海近的酒藏釀的酒，通常也適合搭配海鮮。吃壽司或生魚片時不知該喝什麼酒的話，不妨挑選宮城縣石卷的酒。當地的酒藏「日高見」（平孝酒造）的平井孝浩很用心研究壽司和酒搭配，甚至被稱為「壽司王子」喔。

米　壽司王子！

純　他曾經肯定地表示，帶有微甘滋味的白肉魚及貝類、含鐵質的紅肉魚、帶油脂的青背魚，適合的酒都不一樣。

米　也就是說，**雖然生魚片要配日本酒，但也不是一款酒就可以配所有生魚片**。

純　相對於西日本~九州，東北及北陸地方的日本酒整體而言較為清麗。酒質明快俐落的酒，有清潔口腔般的作用，可以除去殘留在口中的腥味，帶來煥然一新的感覺，讓人有繼續享用下一道海鮮的動力。以鰹魚半敲燒聞名的高知縣也出產了許多口感暢快而不甜的酒，或許就是這個原因。酒藏主人都會留意自家的酒是否適合搭配在地食材，因此在品嘗鮪魚、河豚、鮭魚、烏賊等海鮮時，挑選知名產地的漁港附近出產的酒，應該不會讓人失望。

日本酒搭配料理的祕訣

清爽的料理要搭配清爽的酒，濃郁的料理要搭配濃郁的酒。日本酒的一大優點，就是對料理的包容力勝過葡萄酒。

葡萄酒＋生魚片

可能會感覺到生冷海鮮的腥味。

日本酒＋生魚片

從牡蠣到各種海鮮，日本酒搭起來都OK！

日本酒的「酸」與飲用溫度的關係

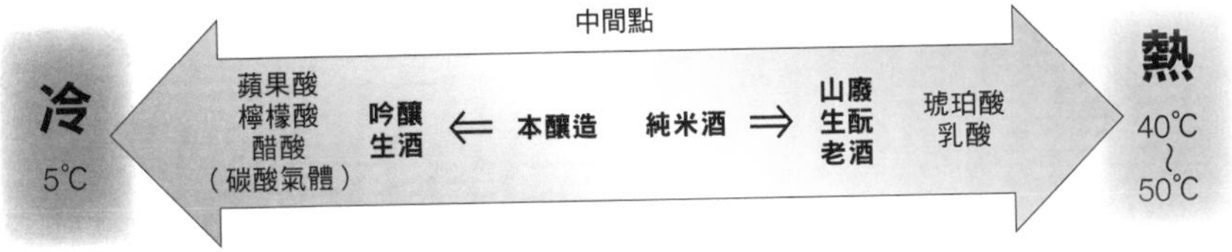

以日本酒的種類區分適合搭配的料理與調味料

清爽系	中間系	濃郁系
鯛魚、比目魚、鰈魚、銀魚、沙 、水針魚、鱸魚、竹筴魚、河豚、烏賊（多為白肉或運動量較少的魚）	蝦、螃蟹、黃帶擬鰺、鮭魚、鮪魚（赤身）、春鰹魚、石狗公、金目鯛、貝類等	秋鰹魚、鮪魚（鮪肚）、沙丁魚、鯖魚、鰤魚、鰤魚幼魚、秋刀魚、鯡魚（多為運動量較多的魚）
雞肉	羊肉、豬腰內肉	牛肉、豬五花肉
湯豆腐、火鍋	涮涮鍋（柑橘醋）	壽喜燒、石狩鍋、三平汁、涮涮鍋（芝麻醬）
醋醃料理		燉煮料理
生菜	醃野澤菜（乳酸發酵食材）	泡菜（乳酸發酵食材）
植物油	橄欖油	奶油、豬油、牛油
薑、醋、柑橘類（檸檬、酢橘、臭橙、柚子）、青紫蘇、蔥、蘿蔔泥、山葵	二杯醋、三杯醋、柑橘醋、醋味噌	醬油、味噌、黃芥末、芥末醬、大蒜

參考／《日本酒と料理の相性》日本名酒會編

日本酒與下酒菜的關係　適合搭配鮮明口感日本酒的料理

純　生魚片的溫度是冷還是熱呢？

米　冷的啊，不會有熱的生魚片啦。

純　所以說，**想將生冷食物的滋味嘗個清楚，就要挑口感鮮明的日本酒**！像白肉的比目魚生魚片，不適合沾醬油吃；應該擠上酢橘之類的柑橘類果汁，搭配鹽巴享用。河豚生魚片也都是搭柑橘醋和辣椒蘿蔔泥來吃。那妳覺得這個該搭什麼酒呢？

米　柑橘和鹽搭配白肉魚……應該是清爽系的酒吧？

純　也就是**清爽的要搭清爽的**這條定律，所以適合帶有蘋果酸、檸檬酸、碳酸氣體的酒，溫度大約5℃～10℃的冰涼吟釀酒就不錯。

米　那鮪肚肉呢？

純　運動量較多的魚多為濃郁系，用醬油醃過依舊美味。釀造醬油牽涉到了麴菌、乳酸菌、酵母3種微生物，與醬油相似、適合搭配鮪肚肉的是帶有乳酸、琥珀酸的生酛&山廢及熟成酒。熟成溫燗也ＯＫ喔！喝起來俐落明快的酒，適合搭配湯豆腐、醋醃料理、生菜；肉類的話則是雞肉。調味料包括了鹽、醋、薑及柑橘類的檸檬、酢橘、臭橙、柚子等。青紫蘇、蘿蔔泥、薄荷與清爽系日本酒也很搭喔！

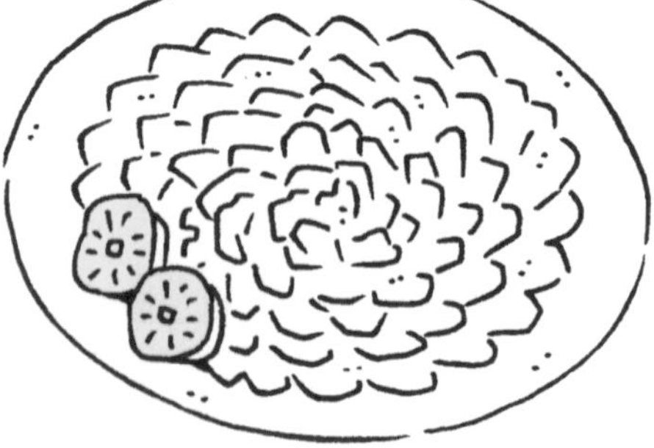

河豚生魚片

代表性的高級白肉魚──河豚的生魚片脂肪少，口味清淡而細膩。日本自古以來吃河豚生魚片時並不是搭配山葵醬油，而是帶有柑橘味的柑橘醋＋辣椒蘿蔔泥＋蔥花。與同屬清爽系的吟釀酒或活性清酒一同享用，能相互襯托出高雅滋味。

柑橘類

烏賊、蝦、螃蟹、牡蠣、帆立貝等海鮮適合擠上柑橘類果汁品嘗（醬油口味較重，會蓋過食材本身的味道）。柑橘的香氣、清新的酸味能充分展現白肉類海鮮的鮮味與甘甜，柑橘＋鹽與純米吟釀酒十分對味。

日本酒與下酒菜的關係　適合搭配香醇日本酒的料理

純　清爽系的海鮮多為白肉，這類白肉通常是搭配柑橘及鹽、柑橘醋品嘗。河豚及螃蟹也是這樣。

米　嗯……美味的食材也是有適合或不適合搭配的調味料呀。那可以請妳告訴我，哪些下酒菜適合搭配香醇的日本酒嗎？

純　**油脂較多的食材**。像是秋天的鰹魚、鮪肚肉、鯖魚、鰤魚和鰤魚幼魚、鯡魚，還有醬油、味噌、黃芥末都很搭。肉的話則是豬五花，壽喜燒的牛肉也屬於濃郁系。因為這類食材**適合搭味道強烈的日本酒**，而且又有香氣。熟成酒帶有焦糖或堅果香，陳年的米糠醃漬物或醃黃蘿蔔和這類酒的燗酒非常對味，和大吟釀酒則搭不起來。也就是**相似的東西適合搭在一起的同調、調和原則**。鹽辛類醃漬物和葡萄酒就絕對不搭，一定要配日本酒，而且是熟成酒！寒冬時節看到了冒著熱氣的關東煮，會讓人感覺很幸福對吧？經過熬煮，被高湯醬油染成了咖啡色的白蘿蔔、飛龍頭、油豆腐搭配黃芥末帶點微辣滋味，邊吃邊喝高湯真是一大享受。如果搭配冰涼的吟釀酒……實在不對味。熱過的純米酒會和同樣帶有醇味的料理完美調和，搭起來超棒！

米　不屬於清爽也不屬於香醇，介於兩者中間的話，該怎麼辦？

純　如果是吃鮪魚身上比較清爽的赤身部位，或竹筴魚、春天的鰹魚，還有吃涮涮鍋的肉類搭配柑橘醋享用時，酒就挑選中間類型的，溫度也以介於冷熱之間的「涼」較為適合。一般在吃套餐，也都是從生冷的、口味清淡的料理開始上不是嗎？不會一開始就端出肉或奶油之類的濃郁料理。不論日本料理、中菜、法國料理或義大利料理，最先上的都是清爽的冷盤。日本酒的話，也是從冰涼可口的大吟釀、吟釀等級開始，再來是純米、本釀造等級，最後喝生酛、山廢、熟成酒，依這樣的順序喝，並遵循**溫度由冷到熱**的原則，喝起來最有樂趣喔。

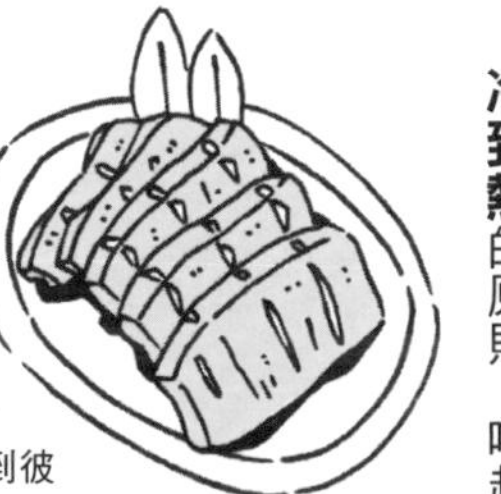

鮪肚肉

位於腹部、油脂較多的鮪肚肉質地柔軟，油脂入口即化。這種油脂豐富的生魚片適合搭配純米酒，以達到彼此的醇味相互調和的效果。

壽喜燒

壽喜燒用到了醬油與砂糖、牛油，口味濃郁，並交疊了各種鮮味，因此適合經過熟成，並同樣交織著豐富鮮味的老酒。熟成燗酒也很對味。

親自動手做美味下酒菜①

如果有可口的下酒菜，日本酒也會更好喝。
下酒菜做法其實沒有想象中複雜，
以下就來分享，如何輕鬆做出清爽美味的下酒菜。

適合搭配鮮明口感日本酒的清爽下酒菜

包括了魚板配醃漬山葵、浸豆、醪味噌小黃瓜與山椒味噌、魩仔魚、鴨兒芹與淺漬蕪菁等。魚板或豆子、魩仔魚、淺漬蔬菜擠上臭橙汁，與口感俐落明快的日本酒十分對味。

如何製作山椒味噌

❶ 味噌裝入小鍋子中，倒入本味醂或酒混合，稍微拌開味噌。
❷ 放上爐子開至中火，攪拌至出現光澤。若希望香醇風味更強烈，可拌入麻油。
❸ 味噌浮現光澤後關火，依個人喜好加入適量山椒粉。
使用前才將山椒粒搗碎會更為芳香。

生薑風味炸豆皮味噌燒

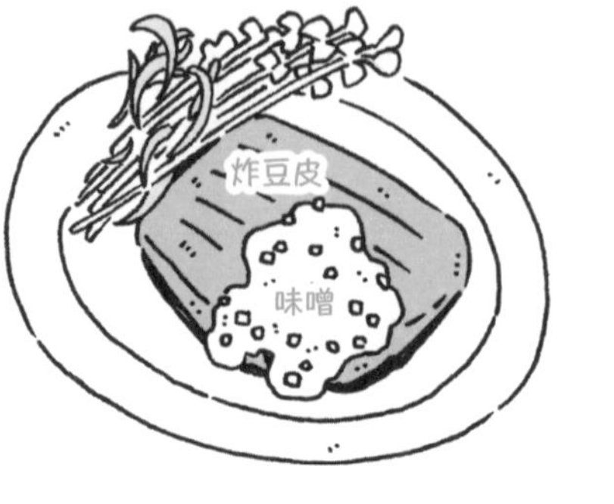

❶ 味噌100g與磨成泥的帶皮生薑30g混合（此為方便調理的分量，可依喜好增減。若喜歡偏甜的口味，可加入本味醂）。
❷ 炸豆皮以水燙過後將水分擠乾。用橡膠刮刀在炸豆皮的兩面抹上生薑味噌，炸豆皮要使用幾片視個人喜好而定。抹好後以塑膠袋包起密封。
❸ 放在冰箱中1～3日。連著味噌放進烤箱，或放在烤網上以爐火燒烤。
❹ 擺盤時可搭配蔥絲或蘿蔔葉嫩芽，並灑上七味粉。也可以切成方便食用的大小（若放到3天以上，會十分入味，建議切成細條狀）再擺盤。

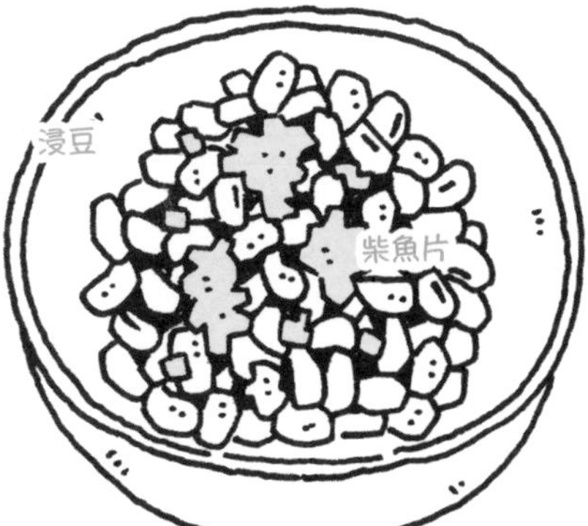

翡翠浸豆

❶ 青大豆200g裝入大碗或缽中泡水一晚。
❷ 以篩子瀝去水分。鍋子或平底鍋中裝入可蓋過豆子的水並燒開，加1大匙鹽。放入豆子，煮13～15分鐘。可撈一顆起來吃吃看，煮至還略帶嚼勁時即可起鍋（切勿煮過頭）。
❸ 煮好後可直接食用，淋上特級初榨橄欖油的話，會與口感鮮明的純米吟釀酒更對味。也可以淋少許醬油，並灑些上等柴魚片（無血合肉者）搭配純米酒。拌入下方介紹的「碎豆腐」中，更能襯托出豆子青翠的色彩。

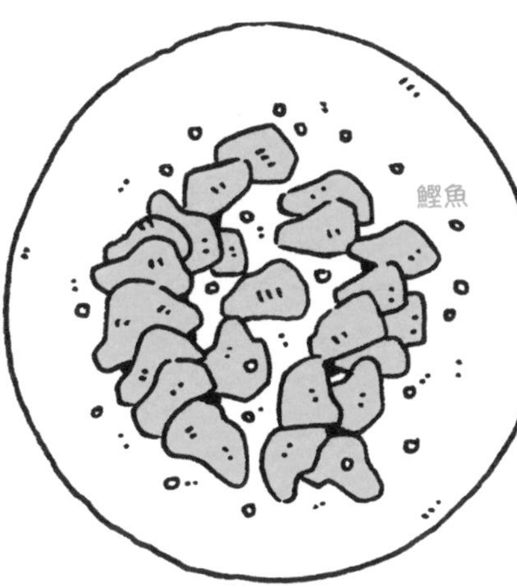

生火腿風鰹魚

❶ 將整塊鰹魚肉抹上鹽，並以廚房紙巾包覆，靜置15分鐘以上。
❷ 沖水洗去鹽巴，將水擦乾後再重新抹鹽、包覆廚房紙巾，然後裝入塑膠袋，於冰箱放置半天～一晚。
❸ 沖水洗去鹽巴，將水擦乾，魚肉切成薄片。切好的魚肉平攤於盤中，淋了特級初榨橄欖油後，再灑上粗粒黑胡椒及切碎的續隨子或義大利香芹（有的話）、蔥、香菜等。也適合搭配芥末籽。冰在冰箱可以放2天。以鮪魚赤身肉代替鰹魚同樣美味。

芝麻風味碎豆腐

❶ 將一塊豆腐（300g）放上篩子瀝去水分。也可以用熱水燙一下之後再放上篩子瀝水。
❷ 切榨菜丁與30g薑絲、約30g的蔥花。上述材料倒入大碗或缽中，加2小匙麻油、少許鹽攪拌。再加入瀝去水分的豆腐，與其他材料拌在一起，然後裝至片口或較深的容器。
❸ 淋上少許麻油，再灑些炒過的白芝麻。

※ 加青紫蘇、蘿蔔葉嫩芽、蘘荷、西洋菜吃起來會更清爽，色彩也賞心悅目。

親自動手做美味下酒菜②

鮮味濃郁的日本酒，就要配帶有鮮味的下酒菜！
純米酒或熟成酒等濃醇口味的日本酒，
與油炸或帶有醬油味的料理搭起來最對味。

適合搭配熟成酒的通常是咖啡色外觀的下酒菜

例如醃漬煙燻白蘿蔔灑上粗粒黑胡椒與特級初榨橄欖油，做成的義式生薄片風醃漬煙燻白蘿蔔；蘿蔔乾配魷魚乾或柚子的醬油醃漬物；鹽辛類醃漬物、鰹魚酒盜（醃鰹魚內臟）；魩仔魚與核桃佃煮；蜂斗菜佃煮；香菇佃煮；紅燒金針菇。

便利的好幫手！　純米鹽麴

用日本酒代替水製作鹽麴，鮮味更加倍！米麴中加入重量20％的鹽充分攪拌，然後倒入約蓋過米麴的日本酒。每天從底部翻攪，持續1週，變成黏稠狀的話便OK。可做為涼拌蔬菜或菇類、醃魚或料理用的醬料、沙拉醬。

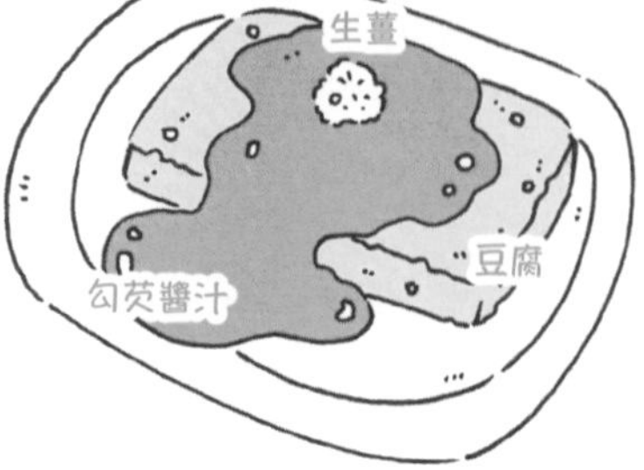

生薑醬油豆腐排

1. 豆腐切為原本一半的厚度，再分成2塊。切好的豆腐兩面抹上麵粉。
2. 平底鍋中放1大匙麻油，豆腐入鍋後不需加蓋，以中火慢煎，並不時搖動鍋子。
3. 豆腐底部變硬後，以鍋鏟翻面並小心不要將豆腐弄碎，兩面都煎至金黃微焦。
4. 製作勾芡醬汁
   小鍋子中裝葛粉，以50㎖水溶解後，再加2大匙醬油、1大匙味醂，開小火加熱，煮至醬汁轉為透明濃稠狀。
5. 豆腐裝在盤子中，淋上勾芡醬汁並以生薑泥點綴。也可以再灑些七味粉。

烤鹽麴漬丁香魚

❶ 丁香魚一夜干裝進塑膠袋，加入鹽麴並充分塗抹後放進冰箱。
❷ 醃漬3小時～半天，以烤架或平底鍋燒烤。

※ 建議使用丁香魚、柳葉魚。目刺或丸干等沙丁魚類的魚乾通常偏重鹹，以酒糟帶替鹽麴醃漬，吃起來不會那麼鹹，更為可口。

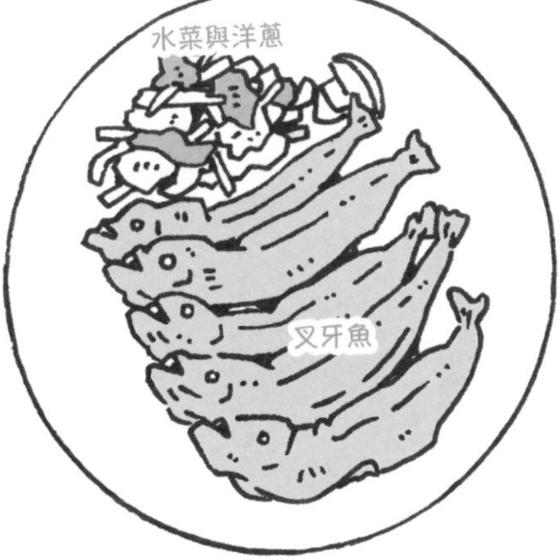

炸醃叉牙魚一夜干（西式醃泡風）

❶ 叉牙魚乾稍微炙烤之後移至平底鍋，淋上大量菜籽油或橄欖油炸至香脆。
❷ 以柑橘果汁（臭橙）＋蘋果醋＋醬油製作醃料，將剛起鍋的①泡入醃料中。醃好之後可以連頭帶骨享用。水菜與洋蔥絲同樣以醃料醃過之後，吃起來清爽可口，是最棒的下酒菜！

※ 調理魚乾時不需要用到菜刀，輕鬆就能做出美味料理（而且便宜、耐放），非常便利，是下酒菜的最強素材！

酥炸牛蒡

❶ 將一整根牛蒡清洗乾淨，連皮切為4㎝長。較粗的部分可以再縱切為一半加速入味。
❷ 裝進塑膠袋。取1瓣大蒜磨成泥，與1大匙醬油一起加入袋中，與牛蒡充分混合。
❸ 封緊袋口，在冰箱中放置30分鐘～一晚。
❹ 牛蒡瀝乾水分，抹上太白粉或葛粉。鍋中倒入約2㎝高的菜籽油或麻油，以中溫將牛蒡炸至金黃酥脆。最後灑上黑芝麻或黑胡椒。

日本各地美味下酒菜大集合

各地風土孕育出的日本酒，最適合搭配酒藏所在地的鄉土美食。
日本傳統的發酵食品以複雜豐富的滋味著稱，
搭配日本酒肯定比葡萄酒或啤酒更對味。
前往日本各地旅行時，別忘了好好挖寶，將可口美酒與下酒菜帶回家！

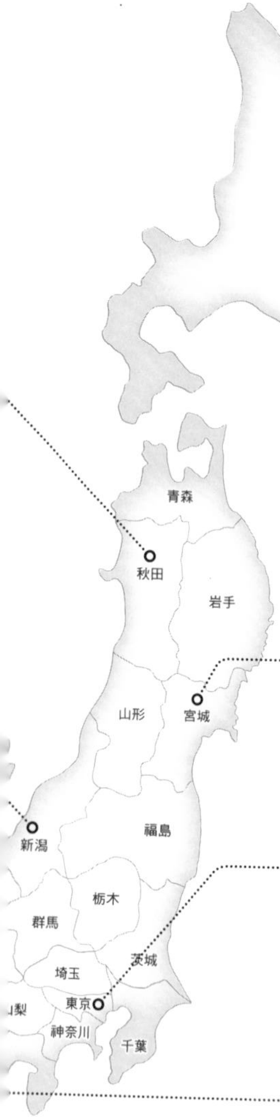

北海道・醬油醃鮭魚卵、鹽海膽

北海道是海鮮的寶庫，醬油醃鮭魚卵、鹽海膽這類下飯的美食，與稻米釀成的日本酒同樣對味。來杯香醇純米酒的溫燗，讓酒與鮮味在口中混合交織，美味不斷加乘。

宮城縣・牡蠣

有些葡萄酒雖然適合配牡蠣，不過日本酒和牡蠣搭起來更是沒話說！吃醋牡蠣或擠了柑橘類果汁的牡蠣，適合喝純米吟釀。放上了昆布烤的牡蠣，則要選擇純米的燗酒。酒可以讓鮮美的牡蠣吃起來更爽口，加倍美味。

番外篇・東京都 在蕎麥麵店喝酒

蕎麥麵店提供的下酒菜，通常只將是用於蕎麥麵的配料簡單調理一下，像是蕎麥味噌、山葵魚板、烤海苔、玉子燒……等。以這樣的下酒菜搭配燗酒，能體驗到「簡單就是好！」的真諦，屬於成熟大人的滋味。想自己一個人簡單喝一杯的時候也很方便。

靜岡縣・蒲燒鰻

濃郁的甜鹹醬汁滋味鮮美，與涼的長期熟成老酒或燗酒是最佳拍檔。兩者的色、香、味可說是完全一致！

滋賀縣・鮒壽司

滋賀有「湖國近江」之稱，著名的傳統食品鮒壽司是似五郎鮒熟成約2年所製成，如此濃郁的發酵食品在日本其他地方難得一見。有如熟成起司般的複雜滋味與熟成燗酒的長期熟成酒堪稱絕配。

京都府・大德寺納豆

這種納豆據說是一休禪師所傳授，有別於一般會牽絲的納豆，是帶有苦味、鮮味、酸味的發酵食品。可長期保存、方便攜帶。由於味道相當鹹，最好一粒一粒吃。建議搭配香醇的燗酒，細細啜飲品嘗。靜岡的濱納豆也算是同類。

日本沿海各地・臭肉鰮丸干

臭肉鰮沾鹽水做成的魚乾，是廉價又美味的下酒良伴。烤的時候灑點酒，可使魚肉飽滿軟嫩，鮮味及苦味搭配燗酒十分對味。用酒糟或或鹽麴醃過再烤味道更棒！

日本海・螃蟹

螃蟹和酒可說是少不了彼此的最佳拍檔。蟹殼中倒入熱呼呼的純米燗酒，連同蟹膏一起享用的蟹殼酒，鮮美滋味更勝馬賽魚湯。吃完之後將蟹殼烤一下、放進茶杯，再倒入熱燗便成了口味清新潔淨的螃蟹酒。蟹殼可重複使用，只要再添熱燗又能繼續享用美酒。

秋田縣・叉牙魚鹽魚汁

「鹽魚汁」是叉牙魚做成的魚露，不僅可用於火鍋高湯，灑一點在乾貨或烏賊等食材上再燒烤，便是香氣撲鼻又鮮美的下酒菜。卡芒貝爾起司稍微淋點魚露，也會產生令人驚奇的美味。

秋田縣・醃漬煙燻白蘿蔔

全世界獨一無二的煙燻醃蘿蔔，位於深山的山內地區為知名產地。建議切成極薄片，再灑上特級初榨橄欖油與黑胡椒，做成類似義式生薄片的冷盤，搭配老酒或燗酒享用。切塊拌入馬鈴薯沙拉中也很讚！

福井縣・へしこ

以鹽醃漬從背部剖開的鯖魚約1週，再放入鹽水中，用米糠醃漬半年以上。蛋白質被分解成了肽及胺基酸，產生複雜的滋味。可以切成薄片直接吃，炙烤之後香氣誘人。

福井縣・小鯛細竹漬

小鯛魚切成3片，浸泡於鹽、醋、味醂中製作而成，是小濱地方的名產。小鯛魚的魚肉味道清淡，醃漬之後十分入味，適合搭配純米吟釀酒。擠些柑橘類果汁吃起來更清爽。

新潟縣・酒浸鮭魚

村上市的鮭魚珍味號，稱有超過100種的吃法，其中之一的「酒浸鮭魚」是藉由寒風乾燥用鹽醃過的鮭魚，到了呈現硬梆梆的狀態，再切為薄片。品嘗方式正如其名，是在酒中浸泡之後，一點點咀嚼品味。搭配溫燗享用，口中會不斷湧現鮮味。

高知縣・鰹魚半敲燒

鰹魚半敲燒會搭配蒜片或辛香料一同享用，稍微帶點焦的部分香氣四溢，十分下酒。一口鰹魚半敲燒、一口辛口酒或燗酒，讓人欲罷不能。散發出「來者不拒」氣勢的豪邁下酒菜。

鳥取縣・宗八鰈魚乾

外觀近乎晶瑩剔透，不論烤、炸都美味。這一類濃縮了純淨滋味的白肉魚魚乾，適合搭配口感輕盈的純米酒。

高知縣・鰹魚酒盜

讓人燗酒一杯接一杯，喝到停不下來的下酒菜，當屬「酒盜」。覺得味道太濃的話，加點酒下去剛剛好。上面放些起司一起品嘗也很棒。不論搭配燗酒、熟成老酒，味道都沒話說！

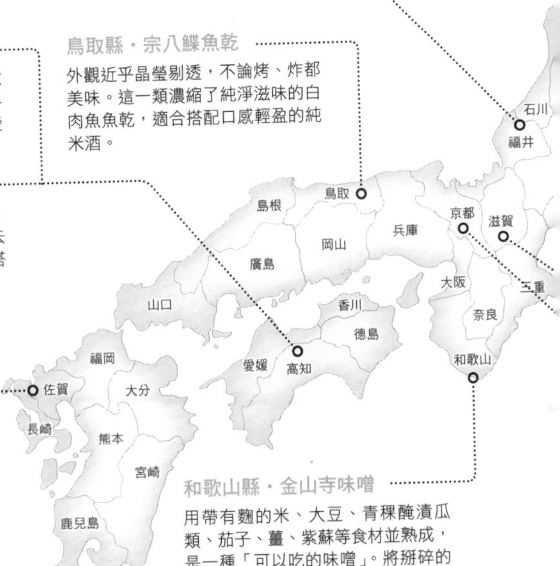

佐賀縣・一番海苔

在11～12月的寒冷時期採收的一番海苔，香氣及口感都是頂級。稍微烤一下，再沾點醬油，搭配口感輕盈的純米酒最是美味。

佐賀縣・溫泉湯豆腐

嬉野溫泉的溫泉水為弱鹼性，加到火鍋裡煮豆腐，豆腐的蛋白質會溶解，化作口感濃稠綿密的湯豆腐。以剩下的湯汁搭配日本酒，讓身體都暖起來了。溫和的美味傳遍五臟六腑，直到最後一口。

和歌山縣・金山寺味噌

用帶有麴的米、大豆、青稞醃漬瓜類、茄子、薑、紫蘇等食材並熟成，是一種「可以吃的味噌」。將掰碎的柴魚生節與金山寺味噌、紫蘇及昆布絲混合，搭配燗酒讓人欲罷不能！

魚鰭酒、烏賊德利——有趣的日本酒喝法

純　用些不一樣的材料搭配日本酒，可以變化出有趣的喝法，像**「魚鰭酒」**就是其中之一。

米　「魚鰭酒」，聽起來就很好喝。……啊，之前妳有提到過對吧。

純　之前提到的喝法是將乾燥的河豚鰭稍微烤一下，烤出香氣，然後倒入熱騰騰的酒再點火。酒裡面的酒精點燃後會冒出藍白色的火焰，關掉電燈的話，看起來相當夢幻！

米　喝起來到底是什麼味道呢？

純　酒會帶有河豚鰭的芳香氣味與獨特鮮味，**像是高湯做成的湯品**。也被稱為**「附下酒菜的酒」**。由於酒裡的鮮味相當明顯，所以有的人喝完了會再繼續添酒，是種可以一直喝下去的喝法。

米　酒本身也等於下酒菜！那魚鰭酒要怎麼做呢？

純　其實非常簡單喔，只要把熱燗倒進裝有河豚鰭的杯子就行了。祕訣在於酒要熱到非常非常燙！不夠熱的話無法帶出鮮味，甚至可能只會帶出腥味。

米　熱到很燙就對了是嗎。

純　酒要熱到**70℃以上**，酒杯也要先熱過，以避免酒涼掉。由於要裝熱燗，酒杯建議用附把手的耐熱玻璃或陶器製品。將烤過的河豚鰭放進杯中，一合酒大概放一、兩片，然後蓋上蓋子。悶了約兩分鐘後，稍微打開蓋子並點火。點燃後會有藍白色的火焰，火熄滅了便代表酒精燒完了。這樣就完成囉！來，請用！

米　真好喝！好像高湯一樣，充滿了鮮味。

純　接著來喝用**「烏賊德利」**裝的酒吧！

米　哇！好可愛！這在哪裡買的？

純　這是靠海地方的伴手禮店一定會有的商品。新潟縣的產地直銷商店之類的地方也有賣。只需要將熱騰騰的燗酒倒進去就行了！而且可以重複使用喔。酒中帶有烏賊的微甜風味與鮮味，可說是**烏賊酒法式清湯**。不但酒的味道變柔和了，烏賊的腥味也沒想像中重，喝起來很不賴！溫熱的德利觸感就像和菓子般滑溜溜的，摸起來很舒服喔。

米　讓我拿一下！啊……熱熱的，軟軟的。

純　用久了之後，烏賊會變得愈來愈軟Q，十分討喜！只用一次的話有點浪費，所以裝過酒之後先瀝乾水分，然後用塑膠袋裝起來放進冰箱。像這樣用完以後冰起來的話，可以用個三次以上。如果不當酒瓶了，還能烤來當下酒菜！

米　最後還可以變成下酒菜嗎？

純　是不是覺得充滿創意，又帶有些幽默感呢？

一舉兩得的魚鰭酒、烏賊德利

滾燙的熱燗可以釋放出河豚鰭及烏賊的鮮美滋味。酒喝完後，這兩種材料還可以當作下酒菜。

魚鰭酒

魚鰭酒最具代表性的材料當屬河豚鰭！芳香鮮味讓便宜的日本酒也能變身為頂級美酒！製作方法為河豚鰭稍微烤過之後，放進茶杯或玻璃杯，倒入熱燗後蓋上蓋子。等到散發出香氣與味道，稍微打開蓋子，用火柴在酒的表面點火。酒精燒完之後，便能喝到芳香鮮美的滋味。

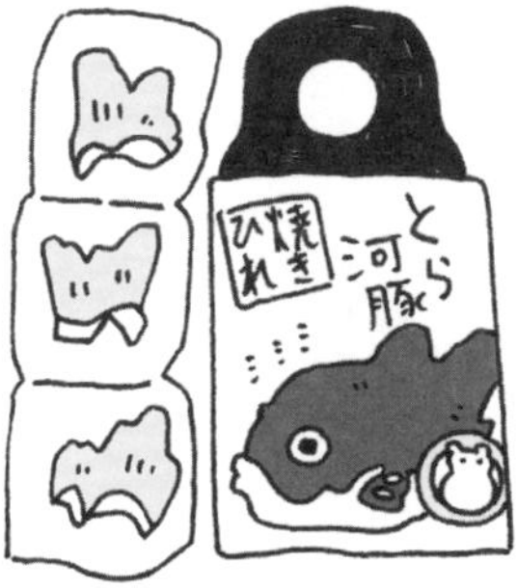

魚鰭酒用烤虎河豚鰭

如果不方便自己烤河豚鰭的話，也有便利的「烤河豚鰭」可以買。
約4g，2片裝3袋。
天草海產／熊本縣

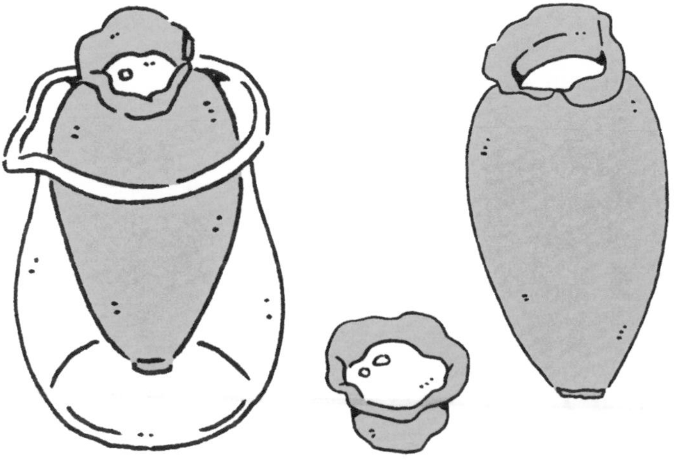

烏賊德利

漁港必有的伴手禮！日本自豪的卓越技術與品味在「烏賊德利」展露無遺。倒入熱燗後，酒就會帶有魷魚般的滋味，鮮味倍增。等到酒差不多都入味了，還可以切開來火烤，做成下酒菜。當初發明烏賊德利的人真是厲害！某些商品還會附烏賊豬口杯。不過，烏賊德利因為不容易放穩，建議插在玻璃杯之類的容器裡。

還有更多有趣的喝法——小魚乾酒、蟹殼酒

純　近來，市面上還看得到加了在地名產的酒。像香川縣甚至還有**「小魚乾酒」**喔！

米　這個組合也很新奇呢，不過我可以想像得到它的美味。話說回來，我記得也有**「蟹殼酒」**對吧？

純　我出生在鬼太郎的故鄉——以螃蟹著稱的境港，所以對蟹殼酒可是很挑剔的喔！用的是「烤螃蟹」或「蒸螃蟹」的蟹殼，也會讓酒的味道有差別，因為殼的風味和蟹膏的味道不一樣。不過兩種蟹殼酒都很美味就是了，呵呵。

米　……一提到螃蟹，妳就興奮起來了呢。

純　把酒倒進「烤螃蟹」的蟹殼，喝起來比較芳香，「蒸螃蟹」的話則要看還剩下多少蟹膏。

米　如果沒有蟹殼，只剩下蟹腳的話……？

純　雖然我覺得應該不會有這種事，但總之**蟹腳或蟹殼在烤網上烤至香脆，放進杯子，再倒入熱燗酒**，就成了香氣四溢的的螃蟹酒！沒有蟹膏的話，反而可以喝到清新潔淨的滋味。只要倒入熱燗，便可以繼續品嘗下去。如果味道變淡了，再添酒就好！還有一種特別的喝法，叫做魚骨酒。吃完烤魚後，將剩下的魚頭或魚骨、魚鰭烤一下，再倒入熱騰騰的燗酒享用，就和河豚的魚鰭酒一樣。鯛魚之類的白肉魚做的魚骨酒相當美味喔。

米　竟然還有這種喝法！連剩下的魚頭、魚骨都充分利用，魚也可以安心投胎了吧！

純　某些地方也會用紅點鮭或香魚來做。慢火燒烤過的魚整條放於較深的盤子中，再倒入熱酒，魚的鮮味都會進到酒中。在某些山裡，還有土雞的雞骨酒！不過油脂相當驚人。

米　可以在酒裡喝到在地名產的鮮味！

純　東京老街的關東煮店，還有另一種獨特的喝法，是在稍微喝了一點的市售杯裝酒中加入關東煮高湯，相當受歡迎。日本酒中含有胺基酸，與高湯有相似之處，所以很適合這種鮮味與鮮味相互激盪的喝法。

米　用高湯稀釋的酒……哇！妳教了我好多不同的喝法呢。哪種日本酒比較適合做魚鰭酒或蟹殼酒呢？

純　其實每種酒的做出來的味道不太一樣，我個人是偏好**兩次火入處理的辛口日本酒**。建議挑選即使熱成滾燙的燗酒也不會失去原有風味、體質強健的酒。如果想品嘗紮實的鮮味，可以選神龜、諏訪泉、日置櫻、義俠等酒藏；想喝滑順口感的時候，不妨挑天の戸、綿屋、白隱正宗等；我最推薦這些酒藏以在地客群為目標打造的晚餐酒！

小魚乾酒、蟹殼酒這樣喝就對了

小魚乾本身就已經烤過，帶有香氣，直接放進酒裡就行。蟹殼用火烤一下可以讓鮮味進到酒中。

川鶴　炙烤小魚乾酒　杯裝180㎖

採用正統製法，將炙烤過的讚岐觀音寺伊吹小魚乾（日本鯷魚乾），浸泡於寒冬釀造的觀音寺地酒川鶴中製作而成。熱成燗酒可讓高品質小魚乾的鮮味與炙烤的香氣更為明顯。另外附的小魚乾可以加到熱過的小魚乾酒裡，或當作下酒菜直接享用。
川鶴酒造／香川縣

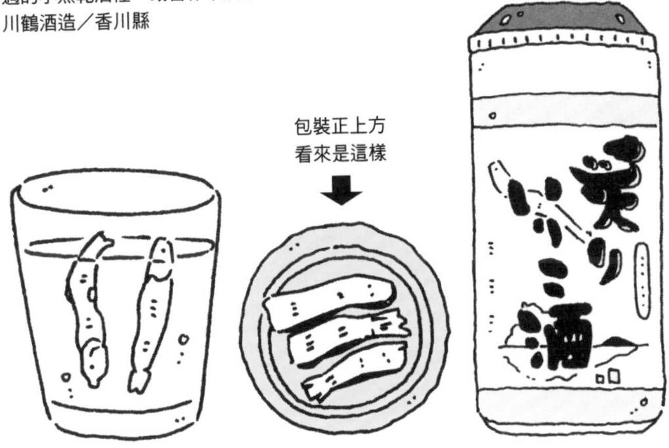

蟹殼酒

（右）在「烤螃蟹」或「蒸螃蟹」的蟹殼中倒入熱酒，放到烤網上加熱。直接烤的話，蟹殼會有破洞，使酒漏出來，因此烤網要先鋪上鋁箔。（左）將烤到香脆的蟹殼或蟹腳放進杯子再倒入熱酒，風味也很讚，可以喝到口感清新純淨的螃蟹酒。

不可或缺的經典題材！落語中的酒

在古早時代，日本酒要熱成燗酒喝，是理所當然的常識。喝涼的被視為計較燃料、怕麻煩的窮酸行為，因此有「涼的酒是窮人喝的」這種輕蔑的說法。在日本傳統表演藝術——落語中，也有許多和酒相關的故事。

只跟賣烏龍麵的點燗酒

《該換了》便是其中之一。某戶人家的丈夫到了三更半夜，才喝得醉醺醺的回家，但還覺得沒喝夠，便叫妻子去買下酒菜。丈夫想要自己先開喝，卻發現廚房的火已經滅了，沒辦法熱酒。此時剛好有擔著烏龍麵叫賣的小販從門外經過，丈夫發現了救星，連忙叫住小販。原來他是想要用烏龍麵的麵湯來熱酒。他叫小販幫自己熱酒，卻沒有買烏龍麵，而且最後還撂下一句「我就是只跟賣烏龍麵的點燗酒！」。賣烏龍麵的小販不但被占便宜，還給人奚落了一番，搞得一肚子火。

妻子回到家後看到喝了燗酒，心滿意足的丈夫，向他問清楚事情經過後，連忙追出屋外尋找小販的身影，想要買碗烏龍麵表示歉意。但小販聽到她呼喊「賣烏龍麵的～」卻慌了起來，說了句「啊！我的酒壺該換了！」便頭也不回地跑走了。

醉漢捉弄老闆的故事層出不窮

落語《上燗屋》的故事舞台是專門賣「上燗」酒的居酒屋。上燗比熱燗涼，較溫燗熱，因此被形容為「不熱不溫」。結果有個客人喝了以後說，「這個酒其實是溫燗吧」，要求老闆把酒補滿重新熱過；結果又嫌酒太熱，硬是要老闆重新添酒。而且還淨是吃碗裡灑出來的豆子、配下酒菜用的紅薑之類，老闆難以計價的東西。落語裡面有許多這種描述奧客行徑的故事。

另外還有一個故事名為《夢中酒》。某個小開睡午覺時，夢到自己和一名美麗人妻你儂我儂地互相斟酒、喝酒，但突然被妻子叫醒，美夢戛然而止。在妻子逼問下，小開心不甘情不願地說出夢境，結果妻子嫉妒地哭了起來。公公見狀詢問媳婦為何哭泣，才知道原因只是一場夢。儘管覺得沒必要為了一場夢又哭又鬧的，但因為媳婦要求他主持公道，只得答應去夢裡訓斥那名人妻一頓。結果在公公的夢裡，這名人妻同樣邀他一同喝酒，他便要求喝燗酒。正在等待酒熱好的時候，就被自己妻子叫醒了。公公忍不住惋惜：「真是太可惜了，早知道我就喝涼的。」

這可說是以往喝酒都要喝燗酒的時代背景下，才會發生的故事。

第3章

學會自己買日本酒

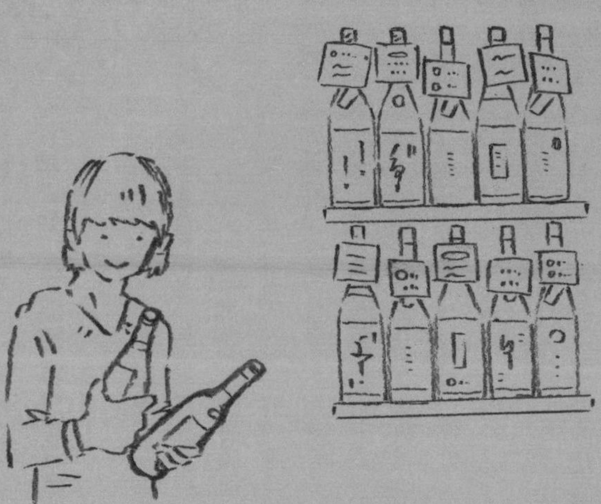

一開始最好先去有人可以問的實體店面

純　妳已經知道日本酒有純米大吟釀酒、吟釀酒、純米酒、普通酒，以及氣泡酒、生酒等各式各樣的種類了。

米　我本來以為日本酒全都一樣，沒想到種類竟然多到誇張。

純　妳是不是也逐漸了解到，自己喜歡的是什麼樣的酒了呢？

米　還早呢，我還想再多喝喝看不同的酒。

純　那就來挑戰自己實際去買酒吧！

米　太好了！要去哪買比較好呢？百貨公司？酒藏？還是上網買？

純　要買酒的話，**去實體店面買比較好，建議不要使用網購**。買酒的時候挑選店家滿關鍵的。我雖然說過一年四季都有日本酒，但還是建議在會誠實告知現在推薦什麼樣的酒、並認真進行管理的店家購買。首先要觀察店面的外觀！店門口有黑板或海報告知新到貨商品之類的情報會比較好。店內最重要的就是清潔！打掃得仔細，就代表店家對待日本酒也很用心。氣氛陰沉，地板、貨架、冰箱不乾淨，物品雜亂的店家絕對不行！因為這種店家很可能也沒有好好貯存、管理酒。好的店家會有豐富的商品說明或POP廣告。如果商品陳列融入了四季元素，會讓人逛起來更愉悅。

米　的確是有店家到了冬天還在貼夏天生啤酒的海報耶。看到以前的女明星拍的海報都已經褪色了，也讓人覺得有點……。總之，**只要仔細觀察，就能知道一間店是否有認真看待酒**，對吧？

純　如果有貼店家前往酒藏時拍的照片之類的，也會讓人產生好感。因為這代表了店家受到酒藏信任，對選酒負起責任。另外，如果有不懂的地方，無論什麼問題都可以試著詢問店員。每款酒的不同，或是現在推薦的酒……，好的店員對任何問題都會明確、友善地回答，並幫忙客人一起選酒。

米　如果問了也得不到回應的話，會讓人想直接離開耶。

純　近來還有愈來愈多店家**在店裡附設酒吧**，方便顧客在店內品酒，或是會**舉辦日本酒讀書會**。可以點一杯自己有興趣的酒試試，還能自在提問，真的太棒了！另外，有些店還會像選貨店一樣，販賣老闆挑選的玻璃杯、平杯，或是酒藏的圍裙、包包、下酒菜等相關產品。好的店家還會告訴你有哪些居酒屋會來跟他們進貨，旅行的時候這樣的資訊尤其實用！畢竟，有進好的酒就代表這是間可以信任的居酒屋嘛。逛實體店面可以打聽到各種日本酒的情報，很有樂趣喔！

品質管理與豐富的情報是重要關鍵

好的日本酒專賣店一看就會知道。貨架上酒瓶排列整齊，每款酒並附有詳盡的說明。並且要記得挑感覺舒服、不會讓人不敢發問的店喔。

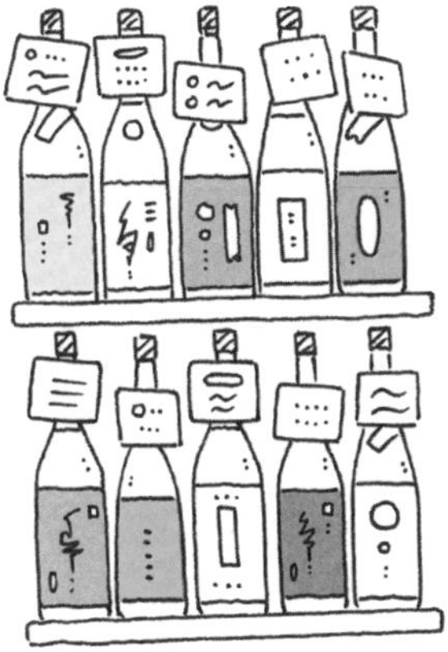

優質店家會

- ○ 為每一瓶酒都加上說明。這是店家對於挑選的酒負責的表現。
- ○ 告訴顧客商品的誘人之處。
- ○ 幫忙想適合搭配料理的酒。
- ○ 所有店員都很專業，說明聽起來舒服易懂，並且提供適當的建議。

絕對是地雷的店家

- ○ 將日本酒擺放在直接照射到陽光或燈光等會使酒變質的地方。
- ○ 酒瓶上積滿灰塵。
- ○ 沒有商品說明，顧客也無法得知內容及價格。
- ○ 將酒與食品以外的洗劑等物品擺放在一起。
- ○ 要出聲店員才會現身。

提供付費試喝服務的日本酒專賣店

	店名	電話
東京	中目黒　伊勢五本店	03-5784-4584
	IMADEYA GINZA	03-6264-5537
	銀座君嶋屋	03-5159-6880
	恵比寿君嶋屋	03-5475-8716
	はせがわ酒店　二子玉川店	03-6805-7303
	はせがわ酒店　パレスホテル東京店	03-5220-2828
	出口屋	03-3713-0268
大阪	山中酒の店	06-6631-3959

上網買酒時你該注意這些事

米 現在這個時代什麼東西都能在網路上買到，超方便的。日本酒也可以上網買對吧？

純 在網路上賣日本酒的商家近來的確變多了。不過，有認識的日本酒店家跟我說過，「進貨數量有限的酒，在店裡一下就賣光了，不會放到網路上」。

米 唉呀，我原本還以為網路上才找得到比較特別的酒。

純 某些酒藏甚至還會拜託賣酒的店家不要放到網路上賣。

米 咦？為什麼啊？

純 網路上常有隨意哄抬價格轉賣的情形，所以酒藏會希望店家銷售的時候能直接與顧客面對面。

米 為什麼會有這種事呢？

純 因為商品供不應求。人氣酒藏不會將酒出給批發商，而是採取**特約店制度**，酒藏直接把酒送到加盟店。這樣做的理由在於**能夠落實品質管理**。

米 網路上的價格有那麼高嗎？

純 山形縣的「十四代」就是有名的例子。在網路上搜尋的話會發現，有人以定價5～10倍的價格轉賣。也有商家先訂出高價，再打著「特價」、「超值促銷」吸引顧客，實在令人傻眼。

米 不知道原本售價的話，搞不好就買下去了。

純 所以事前一定要做功課。而且問題不只是價格。這類網路商店往往是向一般店家購買商品，但之後的管理非常隨便。某位酒藏主人便曾感嘆網路商店連需要冷藏的生酒也以常溫販售，造成酒嚴重變質。導致有客人覺得酒不好喝前來客訴，結果全都是在網路上買的。

米 不但賣得貴，品質還不好，真是慘上加慘……。

純 說到如何分辨，**如果賣的都是價格特別貴的商品，或只賣有名品牌，又標示「特價」之類字眼的話，通常都很可疑**，要小心別上當了。若是對某款酒有興趣，可以直接向酒藏詢問定價與購買方式。

米 好的，我知道了。

純 當然，有些正派經營的日本酒專賣店也有網路商店。由於人氣酒或季節限定酒很快就會賣光，所以品項不像實體店面那麼齊全，不過要買一般常見品牌的話倒是很方便。我固定去買酒的店家，還會在我喜歡的酒藏推出限定酒時通知我，所以平時的各種交流、往來可是很重要的。

上網買酒前不可不知的重點

就算買到了稀有的酒，品質不好的話也毫無意義。
在網路上買日本酒時，
切記別被眼前的資訊蒙蔽了理智。

輕鬆便利的網購存在著陷阱

要小心
- 不當的高價
- 已經變質了卻無從得知

如果賣的都是著名品牌，
價格又異常偏高的話，
一定要小心！

某些網路商家訂出的價格只能用誇張形容

2,160日圓的酒賣到37,800日圓！
1萬日圓的酒用5萬日圓賣！
令人難以置信的價格層出不窮。

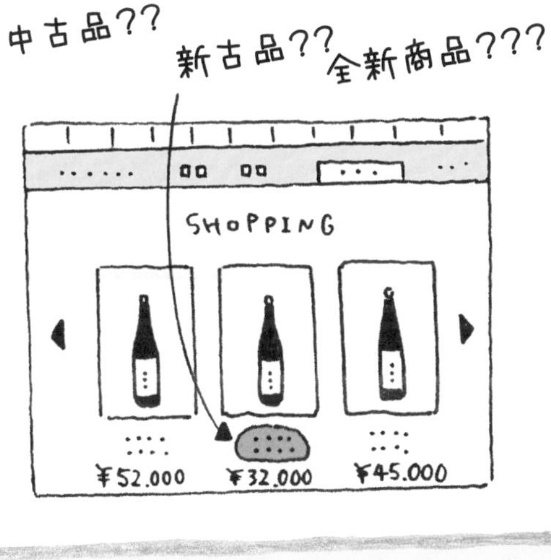

各種不合理的標示

商品狀態寫「中古品」是什麼意思？
「超值促銷」是怎麼回事？
如果看到了不可能出現在正派店家的標示，代表絕對有問題！
千萬不要買。

如何看懂酒標 0 酒標的整體標示

純　買酒的時候，首先要看酒標！酒標上的資訊包括了基於法律規定，有義務標示的事項；以及酒藏想傳達的訊息。

米　說來不太好意思，但酒標給我的印象就是有很多看不懂的漢字或艱澀的名詞，感覺不太友善。

純　我會逐步教妳，別擔心！**一開始要先確認酒的種類**。特定名稱酒總共有大吟釀酒、吟釀酒、純米酒、本釀造酒等8種，沒有標示的則是普通酒，另外還有合成清酒。

米　先看種類嗎？這一瓶是大吟釀！酒名有毛筆字、片假名，還有英文、數字、圖案的……真是五花八門耶。

純　每間酒藏都會透過酒標表現自己的釀酒理念。例如，神奈川縣的泉橋酒造自稱是栽培釀造酒藏，請妳看一下他們的酒，上面畫了蜻蜓！

米　好可愛！酒藏主人應該很喜歡蜻蜓吧？

純　這間酒藏自己有種酒米。到了秋天，田裡會有成群蜻蜓飛舞，因此將蜻蜓當作自家日本酒的標誌！冬酒的酒標上有蜻蜓的越冬卵與雪人，夏酒的酒標上則畫了長大的水蠆，描繪了蜻蜓的成長。

米　喔……藉由酒標傳達自家耕種酒米的理念啊。

純　接著，則是**透過酒標確認酒藏所在地與原料名稱**。酒標一定得標明酒是在什麼地方釀造的、使用的是否為米與米麴、有無添加釀造酒精，以及原料名稱。

米　也就是所有的酒都會有這些資訊囉。

純　另一項酒藏必須標示的資訊為酒精濃度。特定名稱酒的話，還得標出精米步合、製造年月，生酒也一樣。除此之外，可以自由加上酒藏想向消費者強調的訊息。像是原料米的名稱、使用酵母、日本酒度、胺基酸度、酸度、釀造年度、生酛或山廢、有無過濾、杜氏等，與製造相關的事項。像旭菊酒造（福岡縣）的「綾花」的背標就很容易看懂。上面標明了米的名稱、釀造年度、日本酒度、酸度。詳情會在後面做說明喔！

米　原來如此。奈良縣的油長酒造還寫了「超硬水」，標出水的硬度和發酵日數。

純　有位酒藏主人說，**「酒的背標就是酒藏給消費者的情書」**。像秋田縣的新政酒造還會在酒標上說明自家的釀造方針，栃木縣的仙禽則同時標有日文、英文、法文3種語言。不過，大多數酒藏的酒標還是走簡潔路線，只會標示法令規定的必要資訊。去買酒的時候，先查看酒標上的標示，再詢問店家這是款什麼樣的酒就不會有問題囉！

酒標等於一款日本酒的履歷

學會如何看懂酒標的話，就能分辨出這是一款什麼樣的酒、如何釀造的，甚至掌握口味的特性。

酒標該怎麼看

酒標會隨酒藏、製造商、品牌的不同而有五花八門的設計。
除了必要記載事項之外，有的酒標上還有酒藏給消費者的話或自身的釀酒理念。
以下就以旭菊酒造／福岡縣的「綾花」為例介紹。

正面酒標

● **酒名**

顏色、字體皆有各種變化。

● **製造者名稱**

必須註明姓名或酒藏名稱、所在地。

許多酒標在酒名的地方會使用金箔或銀箔。「冷卸」之類的季節限定酒，或想要強調年份時，則會以顯眼的方式標出年份，或另外再貼上貼紙。
近來還出現了許多直接於瓶身印刷的酒，或將文字、圖案印刷在耐水性的透明貼紙上，製造出直接印刷於瓶身般的效果。

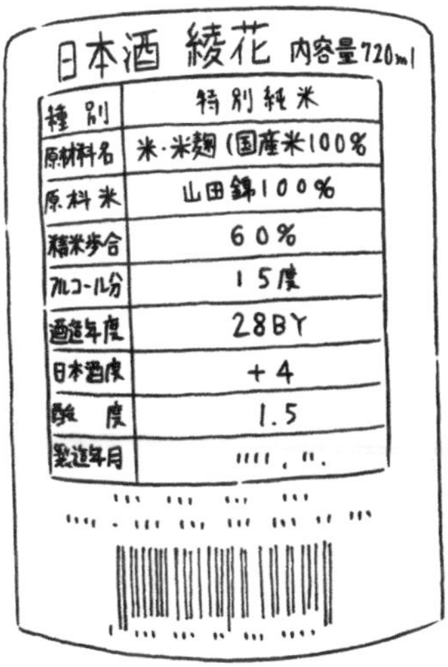

背標

● **特定名稱區分（種類、類別）**
「純米大吟釀」等。
必須符合一定標準才能標示。

● **容量**　一升瓶為1.8ℓ，四合瓶為720㎖。

● **原料名稱**　依用量多寡依序記載。

● **原料米**　使用比例有超過50％的話可以標示。

● **精米步合**　若標示了特定名稱，則須一併標明。

● **酒精濃度**　清酒為酒精濃度未達22％者。

● **釀造年度、製造年月**
釀造該款酒的時期。

● **日本酒度、酸度**
可作為口味的參考依據。

如何看懂酒標 1 酒米的品種也大有學問

米　釀酒的米也有很多不同品種對吧？

純　酒造好適米簡稱酒米，是具備適合釀造日本酒的性質，釀酒專用的米，日本的食糧法稱之為釀造用糙米。

米　有哪些品種呢？

純　每個縣都有在開發各式各樣的新品種。最著名的，就是來自兵庫縣的**「山田錦」。除此之外，「五百萬石」、「美山錦」、「雄町」也很有名**。

米　這些酒米有什麼特色嗎？

純　最是歡迎的就是山田錦！這是日本代表性的酒米，有不少氣味芳香的大吟釀便是以山田錦釀造。另外，許多參加全國新酒評鑑會的酒也是用山田錦釀的喔。自一九三六年命名至今已過了80多年，人氣絲毫沒有衰退。

米　是長青的人氣酒米呢。

純　五百萬石則是主要種植於新潟縣、北陸地方的酒米。

米　第二名是五百萬石啊……為什麼會叫這個名字呢？

純　五百萬石是新潟縣的農業試驗場開發出的交配種，新潟縣的稻米產量剛好在這個品種誕生的那一年突破了五百萬石，於是便以此命名。五百萬石也曾經是產量最多的酒造好適米，現在仍是許多酒藏主人愛用的品種，可說是釀造日本酒不可或缺的酒米。再來是來自長野縣的美山錦，這是不畏寒、耐冷性佳的品種，多種植於北日本。由於潔白的心白就像覆蓋著白雪的北阿爾卑斯群山般美麗，因此在一九七八年以這個名字命名。

米　所以是配合當地的氣候條件開發出來的囉。

純　除了開發種之外，**也有原生種的酒米**喔。雄町便是在一九二四年命名的古老品種，而且是原生種。雄町釀出來的酒口味豐盈飽滿，培養出了許多忠實支持者，甚至有「雄町主義者」之稱。另外還有名為「雄町高峰會」的日本酒祭典。近來，各地都開發出了新品種，像是秋田縣的「秋田酒小町」、宮城縣的「藏之華」、山形縣的「出羽燦燦」、新潟縣的「越淡麗」等。

米　只用在地米釀的酒感覺很吸引人呢。真想喝喝看！

純　再告訴妳，**最近還有古老的品種重新復活**。有的酒藏只憑藉少量稻穀，便成功重新栽種出愛國、陸羽132號等超過50年前的品種。

日本酒米產量前10名品種

山田錦已連續9年居於酒米產量龍頭的寶座。
日本全國在2017年共栽種了107個品種的酒米。

第5名 秋田酒小町 2,400噸

秋田縣所開發的品種，特色為具有雪融水般的透明感，以及鮮明銳利的甘甜滋味。不論釀造純米酒或大吟釀酒皆氣質優雅。

第8名 出羽燦燦 1,700噸

山形縣以美山錦為母株所開發的品種。適合用於吟釀造製法，釀出來的酒口味柔和而豐富。符合基準者可獲得DEWA33標章。

第9名 吟風
1,600噸

為了讓西日本的吟釀米──八反錦能在北海道耕種而進行品種改良所誕生的酒米。如同原本預期的目標，具有寒冷地帶的特色，釀出來的酒質地輕盈。

第2名 五百萬石 19,000噸

酒質清爽、潔淨、輕盈，是掀起淡麗辛口熱潮的重要角色。即使精米程度低也能釀出吟釀酒般口感的優質酒米。

第10名 越淡麗 1,400噸

為了大吟釀酒所開發，是山田錦與五百萬石的交配種。兼具母株的飽滿滋味與父株的暢快風味。

第7名 人心地
1,800噸

米粒碩大且心白部分也大，在寒冷天候下也能生長、收成量高。是最適合吟釀酒的模範米，也稱為新美山錦。

第1名 山田錦 37,500噸

酒米之王，釀造適應性佳，從大吟釀酒到純米酒都適合釀造，受到日本各地酒藏愛用。誕生地兵庫縣產的山田錦地位更是非凡。

第3名 美山錦 7,000噸

在寒冷地區也容易生長的耐冷性品種，為東北地方的主要酒米。酒質細膩嬌柔中帶樸實，適合做為佐餐酒。

第6名 八反錦 2,000噸

廣島縣為了吟釀造製法所開發的酒米，可釀出口味潔淨、酒質飽滿的酒，在其他縣也備受好評。

第4名 雄町 2,900噸

江戶時代末期於鳥取的大山山麓發現的原生品種。有時價格甚至高於山田錦。濃郁的鮮味與甘甜滋味很受喜愛。

參考／農林水產省2017年產米之農產物檢查結果

在地酒米多到你眼花撩亂！

純　除了前面介紹的，日本各地還有很多在地酒米喔！

米　有那麼多喔？

純　從五十音順依序舉例的話，有「愛山」、「秋田酒小町」、「秋之精」、「石川門」、「伊勢錦」、「一本締」、「古之舞」、「祝」、「羽州譽」、「奧譽」、「雄町」等，中間省略跳過，到最後的「渡船」，隨便一數就有**一百個品種**。

米　那麼多喔！我完全不知道……。就算每天喝1個品種，全部喝完也得花一百天。

純　而且新品種的開發還是持續不斷在進行喔。話雖然此，絕大多數的品種目前都只是少量種植而已。日本全國酒米的總產量大約九萬噸，從細目來看可得知，山田錦約為三萬四千噸，五百萬石約有一萬八千噸，**這兩個品種就占了一半以上**。

米　所以山田錦和五百萬石就是酒米的兩大龍頭囉！

酒造好適米檢查量　品種別BEST 3

生產量第一名是山田錦、第二名是五百萬石，這兩種就佔了總量的一半以上。

	品種	主要產地	數量（t）
1	山田錦	兵庫、岡山、山口、滋賀 等	34,232
2	五百萬石	新潟、富山、福井 等	17,865
3	美山錦	長野、秋田、山形 等	6,473

出處／農林水產省平成29年度米農產品檢查結果

純　由此可見這兩個品種有多麼出色、多麼受歡迎。不過，現在有愈來愈多酒藏宣示「我們只用在地米」。全國新酒評鑑會之類的比賽，也有更多酒藏使用在地酒米而非山田錦參賽。

米　**認為在地酒要用在地米釀造的酒藏變多了**，這還真令人期待！旅行的時候真想喝喝各地在地米釀成的酒。

純　在地酒米能完美適應當地環境及風土，因此耕種者不需要硬做什麼改變。中國地方的在地米，特色尤其明顯。「強力」是鳥取縣代表性的酒米，是大正時代在大山發現的。強力與雄町一樣是原生種，「心白」部分為線狀。這種心白十分罕見，原生種之中只有強力與雄町具備這種特徵。

米　這麼特別啊……。那這兩種米味道上有沒有共通之處呢？真令人好奇耶。

純　聽起來很有意思對吧？會讓人很想喝喝看呢。那就找來比較看看吧！中國地方另外還有島根縣的「佐香錦」、廣島縣的「八反錦」、山口縣的「西都之雫」，都是在當地開發出來的在地品種。

在地酒米的世界博大精深

買日本酒時別忘了看一下是用哪種酒米釀的。釀酒工作者致力追求獨一無二美味的意念，都凝聚在各地獨自開發出的酒米之中。

日本各地栽種的酒米

縣名	品種
北海道	吟風、彗星、北
青森	古城錦、華想、華吹雪、豐盃、華さやか、藏想
岩手	吟乙女、吟銀河、結之香
秋田	秋田酒小町、秋之精、吟之精、美山錦、改良信交、華吹雪、星あかり、美鄉錦
宮城	藏之華、日和、美山錦、山田錦
山形	羽州譽、改良信交、龜粹、京之華、五百萬石、酒未來、龍の落とし子、出羽燦燦、出羽之里、豐國、美山錦、山酒4號、山田錦、雪女神
福島	京之華1號、五百萬石、華吹雪、美山錦、夢之香
新潟	五百萬石、一本締、菊水、越神樂、越淡麗、高嶺錦、八反錦2號、北陸12號、山田錦
群馬	五百萬石、舞風、若水、改良信交、山酒4號
栃木	五百萬石、栃木酒14、人心地、美山錦、山田錦
茨城	五百萬石、常陸錦、美山錦、山田錦、若水、渡船
埼玉	酒武藏、五百萬石
千葉	五百萬石、總之舞、雄町
神奈川	若水、山田錦
山梨	吟之里、玉榮、人心地、山田錦、夢山水
靜岡	五百萬石、譽富士、山田錦、若水
長野	人心地、美山錦、金紋錦、白樺錦、高嶺錦
富山	雄町錦、五百萬石、富之春、美山錦、山田錦
石川	五百萬石、石川門、北陸12號、山田錦
福井	五百萬石、奧譽、九頭龍、越之 、神力、山田錦
岐阜	五百萬石、飛驒譽
愛知	夢山水、若水、夢吟香
滋賀	吟吹雪、玉榮、山田錦、滋賀渡船6號
京都	祝、五百萬石、山田錦
兵庫	五百萬石、山田錦、愛山、伊勢錦、古之舞、白菊、新山田穗1號、神力、高嶺錦、但馬強力、杜氏之夢、野條穗、白鶴錦、兵庫北錦、兵庫戀錦、兵庫錦、兵庫夢錦、福之花、弁慶（辨慶）、山田穗、渡船2號
奈良	露葉風、山田錦
三重	伊勢錦、神之穗、五百萬石、山田錦、弓形穗
和歌山	山田錦、五百萬石、玉榮
大阪	雄町、五百萬石、山田錦
岡山	雄町、山田錦、吟之里
廣島	雄町、戀雄町、千本錦、八反、八反錦1號、山田錦
鳥取	強力、五百萬石、玉榮、山田錦
島根	改良雄町、改良八反流、神之舞、五百萬石、佐香錦、山田錦
山口	五百萬石、西都之 、白鶴錦、山田錦
德島	山田錦
香川	雄町、山田錦
高知	風鳴子、吟之夢、山田錦
愛媛	雫媛、山田錦
福岡	山田錦、雄町、吟之里、壽限無
佐賀	西海134號、佐賀之華、山田錦
長崎	山田錦
大分	雄町、五百萬石、山田錦、若水、吟之里
宮崎	花神樂、山田錦、千穗之舞
熊本	山田錦、吟之里、神力、華錦
鹿兒島	山田錦

參考／農林水產省2017年度產地品種名稱一覽

酒米與煮飯用的米是不一樣的

純　日本酒是米釀的酒，原料只有米、米麴、水，因此米的好壞會左右酒的味道。

米　原料只有米！所以米是最關鍵的因素囉。

純　食用米則有越光、笹錦、一見鍾情、光澤姬、秋田小町等不同品種。

米　這些品牌米吃起來甘甜又帶黏性，很好吃呢。

純　其實**吃起來美味的米，並不適合用來釀造大吟釀酒等高級酒**。

米　咦？

純　釀酒雖然也會用到許多食用米，不過高級的特定名稱酒，用的都是「山田錦」之類，為了釀酒所專門開發，顆粒大且具有「心白」的米。

米　原來如此……顆粒較大，而且中心看起來有一塊白色的東西。

純　酒米的特徵就是帶有這個名為心白的白色部分。心白雖然看起來像是白色塊狀物，其實有許多間隙，呈空洞狀。但這並非理想食用米所需要的特性。

米　白色部分是中空的啊？

純　好吃的食用米通常會被稱為「水晶米」不是嗎？就是澱粉質紮實緊密，像水晶般看起來是美麗半透明狀的米。至於酒米的中心是白色的，相較於水晶，或許可以叫作「珍珠米」吧。**心白是澱粉質產生了間隙所形成的**，因為光線折射而看起來呈現白霧狀。但重要的正是這個間隙！這樣的構造**能方便麴菌的菌絲深入內部**，棲息在米粒之中，由內往外分解澱粉質。

米　原來麴菌的家在米粒的中心啊！

純　米粒中心沒有空洞的話，麴菌就無法進到內部，而是棲息在外側的表面，從外側分解澱粉質。一般外面在賣的麴米，像卡芒貝爾起司一樣，表面密密麻麻地布滿了看起來有如白毛的麴，大概就是那樣。酒藏使用的麴米則看起來潔白、粒粒分明，這是有利於釀酒的麴米！糙米的表層及胚芽部分蛋白質與脂質較多，會使酒的味道變重，也容易產生雜味。酒米的蛋白質、脂質較少，而且還會仔細削磨。為了釀出純淨的大吟釀酒，從原料階段就要仔細進行監控。

米　酒米吃起來是什麼味道呢？

純　由於蛋白質較少、澱粉較多，吃起來**沒什麼鮮味，味道單一而乾淨**。**這樣的米才能釀出口味純淨的酒**喔！

心白對於酒米的重要性

酒米的中心部分為白色，因此稱作心白。澱粉質含有細微的空氣層，看起來呈白色不透明狀。這樣的構造有利於麴菌的菌絲深入內部，形成理想的釀酒狀態。

能釀出美酒的酒米有這些特色

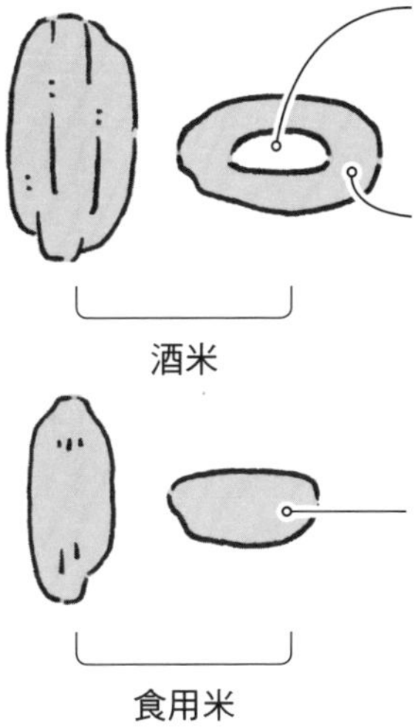

心白

- 位於米粒中心的白色不透明部分。
- 多間隙，麴菌容易繁殖。
- 澱粉質多，適合釀酒。

心白的外側

- 因含有蛋白質、脂質，容易有苦味及雜味。
- 愈是高級的酒，精米時會將這個部分削去愈多。

- 食用米幾乎沒有心白。

食用米與酒米的不同

食用米	酒米	
黏性強 具光澤	大粒，蛋白質少，澱粉質多，雜味少。	釀成酒後喝得到美妙鮮味、輕快的餘韻。高雅的滋味會在口中擴散，入喉後口感暢快。

酒米稻株的特徵

- 米粒較食用米大。
- 稻穗較長且大，稻株也長得較高。

栽種的困難之處

- 容易因風而倒伏
- 不耐病蟲害，耕種起來花費心力。
- 單位面積收成量較食用米少。

※ 近來出現了稻株高度較低的品種。

酒米需要相當用心耕種，價格也比較貴。
釀造高級酒還必須更進一步精米，並投入大量酒米。

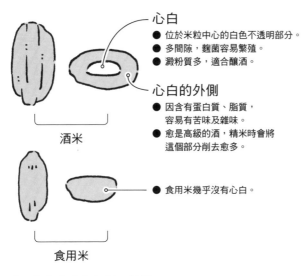

如何看懂酒標 2 酒精濃度

米 酒標上的這個數字是什麼啊？這裡寫著「15・0度以上16・0度未滿」。

純 那個是酒精濃度。度是酒精濃度的單位，15度就是15％，代表酒裡面有一成五是酒精！換句話說，15度等於100㎖的酒之中，酒精占了15㎖。和日本酒同樣屬於釀造酒的啤酒平均是5％，葡萄酒則大概是12％。但蒸餾酒的話，數字就一下跳很高了。燒酎是25％，威士忌甚至達40％以上。日本酒和燒酎等日本固有的酒在標示時是寫「度」，啤酒和威士忌之類的洋酒則是以「％」表示，不過其實意思都是一樣的。

米 蒸餾酒的酒精濃度還真高咧。

純 還有更高的喔，世界上可是有許多酒精濃度超高的酒，像是75％的蘭姆酒，甚至還有96％的伏特加！喝了嘴巴都要噴火了。萬一不小心誤喝的話可就麻煩了，所以無論什麼酒，都要記得確認酒精濃度！由於酒精濃度也關係到了酒稅，因此**廠商有義務要標示**。

米 不過酒精濃度96％實在……簡直就像著火了吧。喉嚨應該會感覺有團火在燒……。這樣說起來，釀造酒還是比較能讓人放心。

純 基本上，蒸餾酒都是稀釋過才喝的，所以無法單純以酒精濃度來比較。**日本酒的平均值是15％左右**。由於日本酒的原酒會到17％以上，所以妳可以想成釀好的酒是加了水調整成15％的濃度。酒藏是考量到了喝起來比較好入口的濃度而加水稀釋的。近來，也有極少數的酒藏釀出了原酒就是15％的日本酒。

米 日本酒的酒精濃度平均是15％……有用水稀釋過……也有極少數原酒是15％……嗯，筆記起來了。

純 曾有看不懂日文的外國人，看到了日本酒標示的精米步合％數，誤以為是酒精濃度，覺得「真恐怖，日本酒的酒精濃度竟然有70％！」。雖然這只是誤會，但萬一遇到了這種情況，要告訴對方「這不是酒精濃度」喔！

米 因為精米步合也是用百分比來表示吧。只看數字的話，搞不好還會以為大吟釀酒的酒精濃度比本釀造酒低呢。

純 第一次喝日本酒的人，我建議挑選15％以下的酒。最近還出現了酒精濃度在8％左右的酒，不妨留意看看！

日本酒的酒精濃數是多少？

每種酒的酒精濃度各有不同，
大致了解常見酒類的酒精濃度，就不用擔心一不小心喝過頭囉。

各類酒的酒精濃度比較（平均）

	種類	酒精濃度
釀造酒	啤酒	5%
	馬格利	7%
	香檳	12%
	葡萄酒	12%
	日本酒	15%
	紹興酒	16%

	種類	酒精濃度
蒸餾酒	燒酎	25%～
	泡盛（老酒）	35%～
	威士忌	40%～
	白蘭地	40%～
	琴酒	40%～
	蘭姆酒	40%～
	伏特加	40%～
	龍舌蘭	40%～

	種類	酒精濃度
再製酒	味醂	13%
	利口酒	20%～

比較日本酒與其他酒類的酒精量

日本酒因為口感佳，很容易就一杯接一杯停不下來，但其實酒精濃度不低。
與其他酒類相比，一合日本酒所含的酒精量相當於1中瓶的啤酒，
或是2杯葡萄酒。這樣說來，喝三合日本酒的話，就等於1瓶葡萄酒了？
威士忌或燒酎等蒸餾酒的酒精濃度雖高，
不過喝的時候都會加水或蘇打水稀釋，反而不容易醉。
另外，若是日本酒的「原酒」，酒精濃度可能會到17%以上。
喝個不停的話，當然一下就會醉。喝酒前別忘了確認酒精濃度。

※以1瓶葡萄酒等於6杯做計算

種類	日本酒	啤酒	威士忌	葡萄酒	燒酎
量	一合 180ml	中瓶 500ml	雙份 60ml	約2杯 250ml	100ml
酒精濃度（平均）	15%	5%	43%	12%	25%
純酒精量	27ml	25ml	26ml	30ml	25ml

如何看懂酒標 3 日本酒度、酸度、胺基酸度、酵母

米　妳有提到，酒標上面有酒藏主人希望傳達給消費者的各種訊息對吧？咦？這個**「日本酒度」**我還是第一次看到。日本酒度是什麼呢？

純　**這個數值表示日本酒的比重**，是用專用的比重計量出來的。正值數字愈大的話，代表糖分愈少；負值數字愈大，則糖分愈多。**可以藉此判斷一款酒是甘口或辛口**。

米　多的話是辛口，少的話是甘口……趕快記下來。

純　等一下！甘口或辛口還取決於其他因素，因此不能一概而論。比重的數值是由糖分與酒精的比例而來的。一般而言，糖分少、酒精多的酒是辛口，糖分多、酒精少的酒是甘口。數字愈大的話，愈偏向「辛口」。但問題是，糖分和酒精都多的話，也算是辛口嗎？所以，把日本酒度當成參考指標的一種就好。而日本酒的「辛口」，也和辣椒的「辛辣」是不一樣的喔。

米　日本酒的「辛口」不是HOT，而是指DRY對吧？

純　每個人對於辛口的感受其實各有不同，例如「味道像水一般舒暢的辛口」、「口味紮實，餘韻明快而不拖沓的辛口」、「帶有酸味，紮實厚重的辛口」、「釀造酒精較多，近似蒸餾酒的辛口」、「過濾太細，口味單一無變化的辛口」等等，**辛口酒的味道可是五花八門**喔！

米　所以辛口酒也是有百百款，各有各的特色囉。

純　我們接著看，這個數字是**「胺基酸度」**，用來表示**鮮味成分**。日本酒含有超過20種胺基酸，含量愈高的話，愈屬於香醇、富變化的滋味。大吟釀等級的胺基酸度一般都偏低。

米　啊……還有別的，這個**「酸度」**又是什麼呢？

純　日本酒中的有機酸主要為乳酸、琥珀酸、蘋果酸，這些都是帶有鮮味的酸。基本上，數字愈大酒體愈飽滿，數字愈小則酒體愈輕盈。影響酸度的因素之中，角色最吃重的，則是**「酵母」**。畢竟，酵母的任務是將米轉化成酒精。酒藏都會拿到由日本釀造協會以純粹培養的方式培養的酵母。依種類不同，有的酵母會發出蘋果或香蕉的香氣，有的則幾乎沒有氣味；或者是有的有酸味、有的沒酸味，**每種酵母各自擁有獨到的特色**！有不少酒藏為了讓消費者在挑選時知道這款酒使用的是哪種酵母，或是對自家使用的酵母感到自豪，會在酒標上註明酵母名稱。另一方面，消費者也能在飲用之前，先從酵母想像這款酒的味道。也有酒藏會推出酒米、精米步合都相同，但以不同酵母釀造的酒。

從「數字」想像日本酒的口味

日本酒度與酸度能讓消費者透過數字了解一款酒在口味上的特色。另外，選購日本酒時也不妨留意一下酵母的種類。

日本酒度所代表的意義

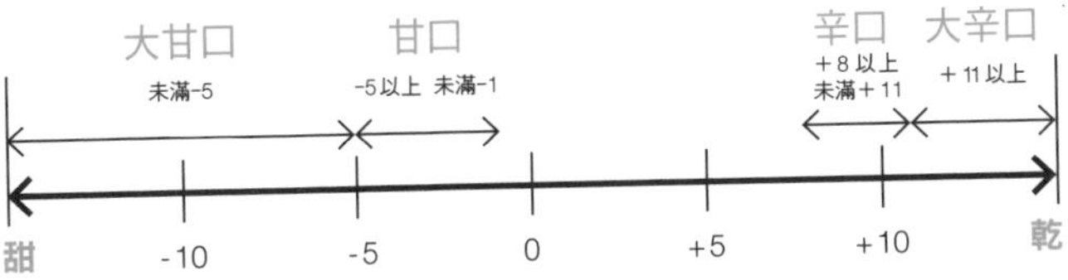

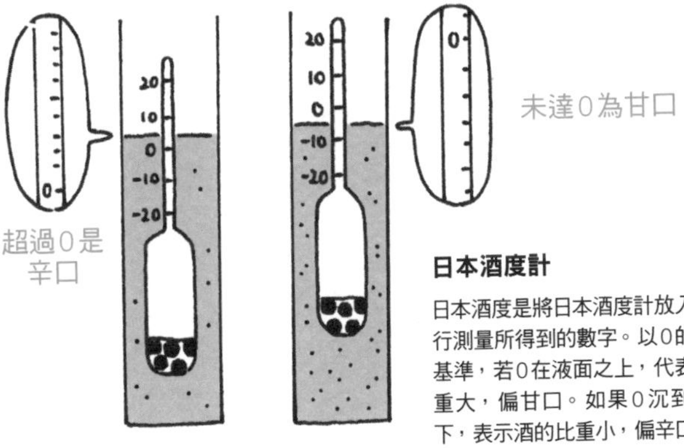

日本酒度計

日本酒度是將日本酒度計放入酒中進行測量所得到的數字。以0的刻度為基準，若0在液面之上，代表酒的比重大，偏甘口。如果0沉到液面之下，表示酒的比重小，偏辛口。

酸度所代表的意義

酸度數字高的話，酸味自然強；酸度數字低的話，口味較甜而清淡。酸度高的酒因為酒中的甜味被抵消掉了，喝起來感覺會較乾、趨於辛口。不過這也牽涉到了與「日本酒度」之間的均衡。日本酒之所以有意思，就是無法單以酸度的數字一概而論。數字頂多只是參考。

未滿1.6	1.6～1.8	1.8～2.4	2.4以上
← 酒體輕盈			酒體飽滿 →

日本酒的香氣源自於酵母

日本酒中讓人聯想到蘋果等水果的香氣，是酵母所帶來的。日本釀造協會過去開發的6、7、9號酵母，又被稱為「個位數酵母」，香氣較不明顯。後來新開發出來、數字愈大的，多是帶有豐富香氣的酵母。

⬅有些酒會在酒標上註明使用何種酵母。

如何看懂酒標 4 釀造年度與生酒、生詰酒、生貯藏酒

純　妳看酒標的時候，應該有看到**釀造年度（酒造年度）和BY**這些字吧？

米　什麼？「BY」？

純　BY就是「Brewery Year」，**代表日本酒的釀造年度**。日本酒的一年不是從元旦開始，而是夏天喔。年度的開始是在七月一日，這也是最不會進行釀酒的時期，到隔年的六月三十日，這樣算作一年。所以要記住，**日本酒的新年第一天是七月一日**喔。以平成三十（二〇一八）年為例，六月三十日以前的酒會標示29BY，七月一日起就會標為30BY。

米　那製造年月處標示的30・1又是什麼意思呢？

純　代表是平成三十年一月出貨的。也可以用西元年份來表示。

米　原來是出貨時間啊……還有，這瓶酒上寫著大大的**「生酒」**，什麼是生酒？

純　生酒指的是**完全沒經過加熱處理（火入）便出貨的酒**。有的還帶有酒渣，清新的味道十分受歡迎。由於保留了酵母及酵素，酒的體質較弱，很容易突然變質。因此酒標上必須清楚寫出「生」，並記載保存及飲用方面的注意事項。

米　也就是說，不能放著就不管了對吧？

純　請將生酒當作生鮮食品來看待！生啤酒可以在常溫下保存，想喝的時候再冷藏就好；但生的日本酒必須全程冷藏。在一般店面購買時，店家都會建議使用保冷劑與保冷袋。宅配寄送的話也都是冷藏運送。

米　把生酒放在常溫下會怎麼樣呢？

純　酒會走味，失去原本的清新舒暢感，甜味變得不可口，果香還有可能變成堅果或醬油、米糠的氣味。想要喝得暢快，就要做好冷藏管理，盡快飲用！

米　除了生酒以外，還有其他酒也有「生」的字樣，像**「生詰酒」**與**「生貯藏酒」**。這些也是「生」的酒嗎？

純　「生詰酒」與「生貯藏酒」可以算生酒的同類，**這兩種都經過一次加熱殺菌**。一般的日本酒會在釀造後至貯藏前，以及出貨前各進行一次加熱殺菌，總共兩次。只進行一次的話體質會比較弱，因此也必須冷藏保存！

米　只要有寫「生」的話，放進冰箱就對了。

純　喝的時候依自己喜好的溫度喝即可！畢竟保存溫度與飲用溫度是不一樣的。酒標上什麼都沒寫的話，就代表經過兩次火入處理，法令並沒有規定一定要註明。

米　什麼都沒寫的話，基本上就是兩次火入、常溫保存！

認識「釀造年度」

對釀酒而言，一年是從七月開始，隔年六月結束。如果想知道一款酒是什麼時候釀造的，可以從酒標上標示的釀造年度判斷。

釀造年度

酒造元日（一年的開始）

7月1日起壓榨的酒，就會算作新年度的酒。稅法上為了減少跨越兩個釀造年度的情形，因此將釀造年度的起始月份設定在一年之中最不會釀酒的時期。

夏酒

炎熱的夏天，就該喝能舒爽潤喉，口感暢快的日本酒。夏酒大多適合喝冷酒或加冰塊飲用。

冷卸

天氣尚冷時貯藏的酒過了一個夏天之後，口味會變得溫順。這樣的酒不經火入便直接出貨，稱為「冷卸」。

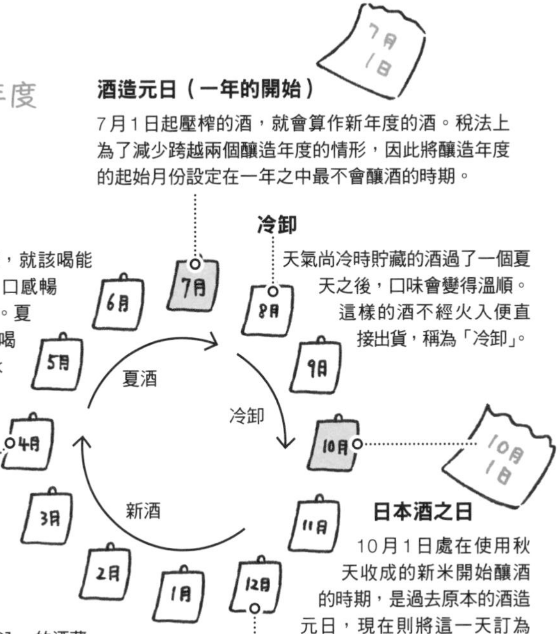

日本酒之日

10月1日處在使用秋天收成的新米開始釀酒的時期，是過去原本的酒造元日，現在則將這一天訂為「用日本酒乾杯」之日。

進行「寒仕込」的酒藏會持續釀酒至4月。

新酒

秋天開始釀造的新酒大概在12月前後會出現在市面上。

生酒、生詰、生貯藏，有何不同？

生酒（完全未加熱過的酒）

為了強調是生酒，瓶身正面貼了大大的「生」字貼紙。

鄉乃響

須藤本家／茨城縣

生詰、生貯藏酒（僅加熱過一次的酒）

生貯藏酒別名「生囲い」。

吉野杉樽酒

長龍酒造／奈良縣

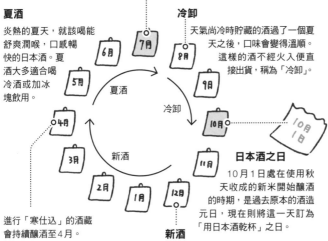

如何看懂酒標 5 生酛&山廢酛

純　另外還有一種酒也有「生」這個字，那就是**「生酛」**。不過這是一種製造方法，並非「生酒」。

米　雖然有「生」，但不是生酒嗎？那這是火入酒嗎？

純　因為生酛指的是製造方法，所以火入酒、生酒都有。如果是生酒的話，會在「生酛」之外另行標上「生酒」的字樣。福島縣的大七酒造是一間只釀造生酛酒的酒藏，也會推出期間限定的生酛生酒。只要是生酒，都容易變質，因此大部分生酒都在初春到春末就結束販售了。

米　話說回來，「生酛」到底是什麼呢？

純　**「生酛」是一種傳統的酒母製作方式**。酒母正如同字面上的意思，可說是酒的母親，也稱作「酛」，等於酒的啟動裝置。釀酒首先要從混合米、米麴、水，使酵母繁殖開始。由於酵母耐酸，而其他害菌則不耐酸，因此必須製造出多酸的環境，以增加酵母。生酛釀造便是藉由會產生天然乳酸菌的乳酸抑制害菌，讓酵母繁殖。據說這樣可以使酵母長得更健壯喔。

米　有活的乳酸菌進行乳酸發酵，感覺就像優格耶！

純　雖然這是一種自然的釀酒方式，但相當耗費時間。而且，要將蒸過的米浸泡在水中，用木製工具磨碎。這項名為「酛摺」的工作非常累人，要由數名負責釀造的藏人相互配合進行，據說過去還會一面唱酛摺歌一面作業。

米　是類似插秧歌那樣，在工作時唱的歌吧？真想聽聽看酛摺歌是怎麼唱的呢。

純　這個把米磨碎的「山卸（酛摺）」作業相當耗時費工，做起來十分辛苦。而取消了「山卸」，讓作業更具效率的**「山廢酛」，一般通稱「山廢」**。因為取消了「山卸」，可算是**「生酛」的省略版**。

米　原來是這樣啊。所以「山廢」是從「廢除山卸步驟」而來的囉？

純　沒錯！目前酒母的主流為**「速釀酛」**，是與「山廢」同一時期研發出來的。這種方式是在釀造時直接加入市售的乳酸。相較於「生酛」及「山廢」得自行製造出乳酸，**由於只需要添加乳酸，省事又快速**，所以被稱作「速釀」。

生酛與山廢酛，兩者的關鍵都是乳酸菌

雖然取消了花工夫的「山卸」作業，不過「山廢」仍與「生酛」一樣，都是運用自然界乳酸菌的力量，需要相當時間的釀造方法。

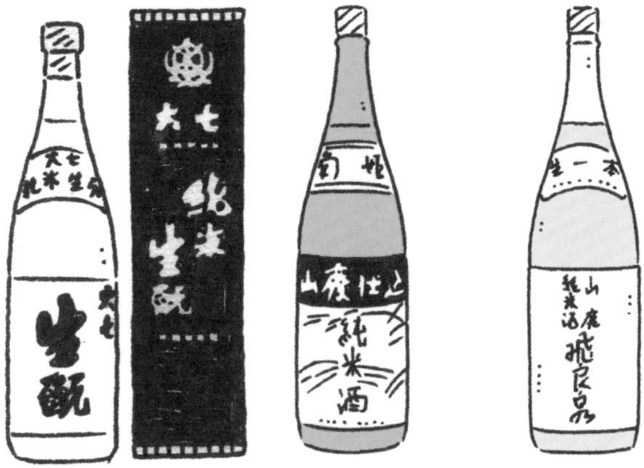

大七　純米生酛

酒標上寫著大大的「生酛」，由此可見酒藏的自信。1752年創業的大七酒藏一路走來始終貫徹生酛釀造。

大七酒造／福島

菊姬　山廢純米

以山廢聞名的經典長銷酒。酸味明顯、濃醇且喝起來帶勁，味道十分有個性，被稱為不是每個人都有辦法喝的「男酒」。

菊姬／石川縣

飛良泉
特別純米山廢純米酒

這一款同樣是歷久不衰的山廢酒。可以清楚感受到山廢帶來的酸與No.12酵母具有的「果實香」。

飛良泉本舖／秋田縣

進行山卸作業的景象

取消山卸作業

生釀造

為獲取存在於自然界的乳酸菌，必須由數人進行磨碎酒母的作業。負責釀酒的藏人使用名為「櫂」的木棒仔細將米磨碎，這項作業名為「山卸」，也稱作「酛摺」。

山廢釀造

山廢釀造省去了累人的「山卸（酛摺）」作業。由於廢除了「生酛」中的「山卸」這項步驟，因此稱作「山卸廢止酛」，簡稱「山廢」。

日本酒是有生命的

純　日本酒是有生命的喔。

米　咦？有生命嗎？我不太能理解耶……。

純　所謂有生命，當然不是指像動物那樣，而是酒的原料——糙米，是活著的。白米就算種到土裡，也不會發芽，因為白米沒有胚芽；但把糙米灑到土裡的話，過一陣子會發芽，所以糙米是有生命的米。日文中，米加上白寫成的「粕」這個字是殘渣的意思，還滿貼切的呢。

米　那削去了米粒大半部分，用白米釀成的日本酒就不算有生命囉。

純　不不，我不是這個意思，而是**希望妳把日本酒看作有生命一樣，小心謹慎地對待**啦！酒在發酵的時候，酒醪朝氣蓬勃，非常活潑好動。活動最旺盛的期間，酒醪表面會不斷冒出泡泡，然後「啵」地脹破。

米　酒的發酵這麼動感啊？

純　觀察酒醪的表面就會知道，酒醪內部形成了漩渦，是有在對流的。怎麼看都看不膩喔！而且不同狀態的泡泡還有「水泡」、「岩泡」、「高泡」等各種名稱，充滿了變化。當發酵持續進行，酒精濃度會逐漸上升，泡泡也隨之變小，活動最後趨於平靜。發酵幾乎完全停止後，便會從酒醪榨出酒。這可說是日本酒一生的歷程啊！

米　這樣說來，感覺就像酒醪在持續不斷辛勤工作之後，終於完成任務，可以上床睡覺了一樣。啊！所以裝進瓶子之後，就在冰箱或冷暗的地方靜靜呈現睡著的狀態了對吧。

純　抱著「讓酒好好休息」的心情，將酒靜置於陰暗、不會晃動、寒冷的地方存放，避免把它吵醒，這樣是最好的。尤其，生酒的酒裡面有活的酵母，麴的酵素也仍持續發揮作用，酒瓶裡其實正緩緩進行發酵。生酒就是這麼細膩而敏感，會一點一滴逐漸產生變化的酒。這樣妳應該了解我說的「有生命」的意思了吧。

米　**生酒的酒裡還有活著的酵母……麴的酵素也還在作用**……記下來了。

純　所以生酒也可以解釋成具有生命力的酒。生酒十分敏感，因此很不好保存，一定要放在冰箱裡喔。

發酵讓酒醪健康地成長茁壯

要如何讓酒醪在最佳狀態下發酵？
能否釀出優質好酒，取決於釀酒作業中最關鍵的環節——酒精發酵。

有氣泡的酵母發酵

（※示意圖）

從氣泡的狀態了解發酵進程

杜氏會觀察氣泡湧出的樣貌，判斷酒醪的發酵狀態，並視狀況調整酒醪的溫度。

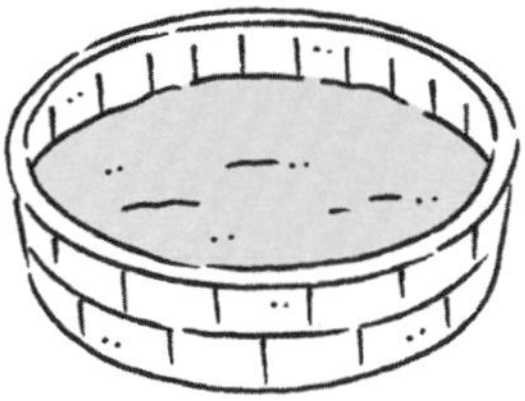

原料混合好時的狀態

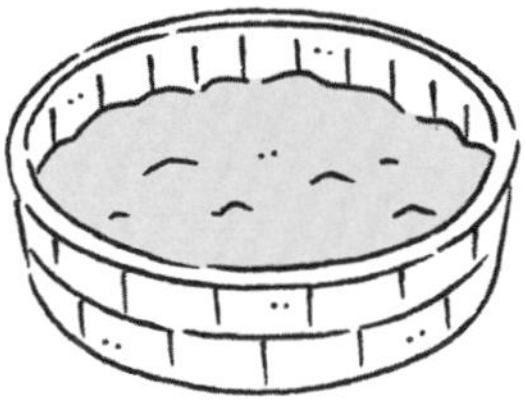

約第2天

開始發酵，漸漸有氣泡冒出。

約第5～7天

發酵達到高峰，湧現大量氣泡。

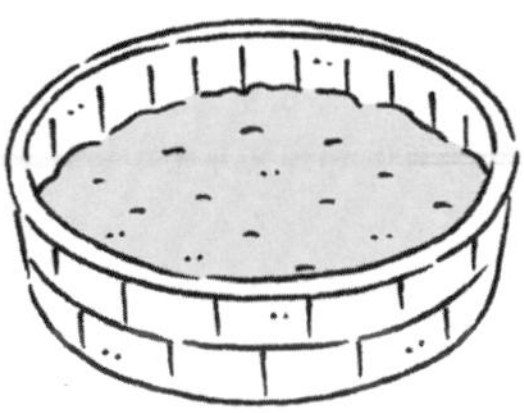

約第20～25天

發酵逐漸緩和，氣泡趨於平靜。

酵母仍存活於生酒之中

建議將酒靜置於冰箱中，以避免刺激到酵母或麴的酵素。

喝不完的時候該如何保存

米　酒存放在家裡的話，放在什麼地方比較好呢？啊，或是說，有什麼東西會讓酒走味嗎？

純　**日本酒很怕光**。酒如果照到紫外線或日光的話會變質。如果看到有店家把酒放在會曬到太陽的地方，千萬不要買喔。酒類專賣店之所以燈光昏暗，其中一項用意就是防止變質。有些比較用心的店，還會把酒瓶裝在乳白色半透明的抗UV袋裡，避免酒變質。說到光，其實和酒瓶的顏色也有關係。最不透光的酒瓶顏色依序是黑→咖啡→綠→藍→白（霧狀）→透明。黑色效果最好，但也比較貴。另外，**酒也怕劇烈的溫度變化**。一般雖然建議放冰箱貯存，不過如果是經過二次火入處理的酒，用報紙包起來避免照到光，放在陰涼的地方就行了。放一段時間讓酒熟成，喝起來會更溫順喔。用筆在外面寫上酒名和日期，這樣就能知道裡面包的什麼酒。想長期熟成的酒不妨試試看。

米　用當天的報紙包起來……當作二十歲的成年禮物應該相當不錯喔！

純　**生酒類和沒喝完的酒一定要放冰箱**！在還沒有開瓶前，酵母一直活在沒有空氣的環境中，開瓶接觸到空氣後，會加速味道的變化。生酒在裝瓶之後，酵母仍會一點一點地持續進行發酵，產生碳酸氣體。所以剛開的生酒喝起來會有點刺激感。

米　原來這個口感是來自酵母製造出的碳酸氣體啊……。

純　開瓶之後空氣進到了酒瓶內，可以說變得跟原本完全不一樣了！從酒的角度來看，等於從開瓶前充滿碳酸的環境，被放到都是空氣的環境。開瓶前與開瓶後，味道變化的方向可說是截然不同。就算整體的平衡跑掉了也不足為奇。所以生酒開瓶後要盡快喝完，這個原則一定要遵守！喝不完的話要放冰箱。在低溫環境下，酵母會停止活動，味道的成分變化也會比較小。

米　沒開過的跟喝不完的都要放冰箱，感覺冰箱要不夠用了！

純　我建議**從原本的酒瓶換裝到比較小的容器**。這樣接觸到的空氣比較少，可以減緩味道變化，而且沒那麼占空間。要記得使用可以密閉的容器，時間不長的話用保鮮膜包住也行。所以說，保存二次火入的酒省事多了。不過，如果長時間照到光線，或暴露在高溫環境中，還是會走味。就和貯存米一樣，要放在照不到光的陰涼處。

米　生酒和生魚片一樣，得要冷藏；二次火入的酒則比照蔬菜或穀物，存放在不會照到光的陰涼處。我會牢牢記住的。

保存日本酒時要注意光線與溫度

如果想多嘗試各種不同的日本酒，
難免會無法一次全部喝完。
因此在貯藏上要更加用心，才能保留美好風味。

用報紙包起來

由於日本酒怕光，不論陽光或一般燈光都不能照射到。最保險的貯存方式，是用報紙包住酒瓶，存放於陰涼處。生酒的話要放進冰箱，經過2次火入處理的酒放在陰涼處即可。

喝不完的酒要收進冰箱

日本酒開瓶接觸到空氣後會氧化，使得味道產生變化，因此一定要冷藏，盡量減緩變化的速度。生酒務必要放冰箱。

⬅報紙外可貼上寫有酒名的標籤等，方便辨識報紙裡包的是哪瓶酒。

用家用冰箱貯存日本酒

日本酒使用的瓶蓋並非軟木塞，因此不用像葡萄酒那樣橫放，直立收納即可。

日本酒的賞味期限是多久？

米　曾經有國外的朋友問我，日本酒的賞味期限和保存期限是多久呢？

純　賞味期限和保存期限啊……就法律來說，日本酒並沒有關於這兩項的規定喔。日本酒因為酒精濃度高，**不用擔心壞掉不能喝**，所不需要標示賞味期限、保存期限。根據食品表示法規定，只需標明製造年月。不過葡萄酒則是連製造年月都沒有標示，不覺得有點奇怪嗎？可是大家卻不認為有問題。或許是因為「酒愈陳愈香」的刻板印象吧。

米　我是聽說過那種天價的葡萄酒，放了幾十年還愈放愈好喝，所以大概可以理解沒有賞味期限這回事……話說回來，日本酒也是愈陳年的愈好喝嗎？

純　嗯……也是要看酒啦，不過基本上隨著時間經過，會產生獨特的風味。某釀酒大廠曾經就賞味期限提出建議，經過火入處理的酒可以常溫保存一年，生酒則是冷藏保存六個月。不過我覺得還是有點太久了。生酒在冷藏保存的狀態下，於一個月以內喝完的話，最能品嘗到酒藏希望呈現的味道，最長也要在兩個月以內喝完。**生酒是有生命的，還是盡快喝完最好**。有的酒還會在酒標上標示「請在一個月內喝完」。

米　講究鮮度的生啤酒也會建議在工廠出貨後三天以內喝完，日本酒可以到半年，算是很久了吧。

純　雖然每款酒不一定一樣，不過**二次火入的酒如果常溫保存的話，最好三個月以內喝完。冷藏貯存的話可以放久一些，大約六個月**。但說到火入處理，近來市面上出現愈來愈多**瓶火入的酒**，有不少款式屬於細膩而敏感的調性，建議比照生酒來看待。**最好在製造年月起的一個月內喝完**，當然也要冷藏貯存。

米　買酒的時候，也得選商品流動率高的店才行吧？沒有注意的話，去到的店搞不好都只有擺了很久沒賣出去的酒。

純　日本酒的製造年月其實有點不好理解啦。製造年月幾乎都是酒藏的出貨日，或是酒裝瓶的日期。總之，那個日期不會是開始釀酒，或是榨酒的那一天就對了。有時候，製造年月比較新的酒，反而是比較早釀造的喔，實在很複雜難懂對吧？

日本酒的製造年月日是這樣來的

十二月三十一日榨的酒在一月裝瓶的話，製造年月會標為一月。同時期釀造的酒，如果有些留在槽內熟成，等到十月才裝瓶出貨的話，這批酒的製造年月就是該年十月。

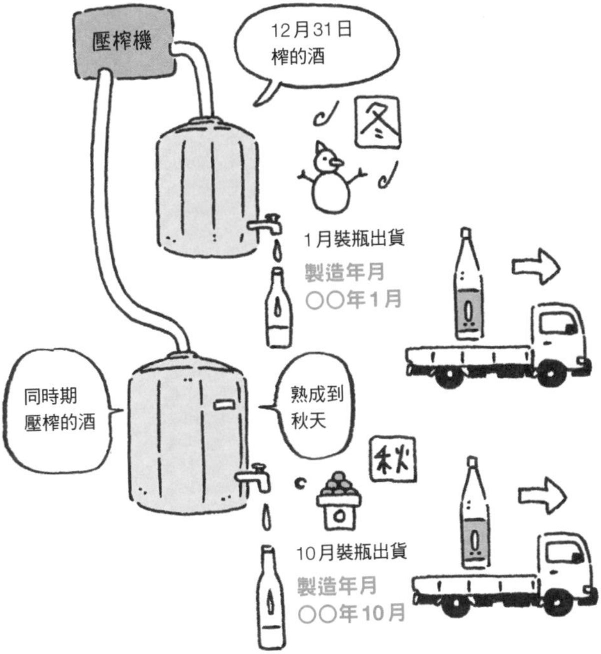

製造年月為出貨日或裝瓶日

雖然製造年月有1月、10月之分，但其實有可能是同一時期釀造的酒。

在初夏釀造，7月裝瓶出貨的話

製造年月○○年7月

如果店裡面擺了製造年月為1月、7月、10月的酒，未必代表10月的酒比較新。無法得知一款酒是何時釀造的，日本酒就是這麼難捉摸。

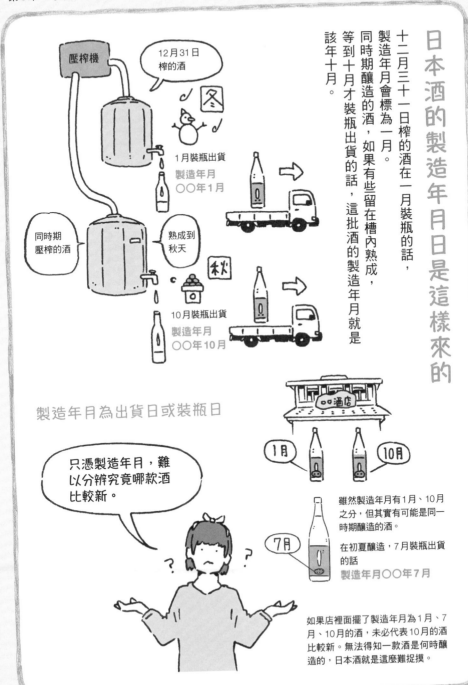

一升瓶與四合瓶

純　有一次我在和外國人喝日本酒的時候，最後跟他們說「有什麼關於日本酒的問題都可以問我」，結果被問了個意想不到的問題，「日本酒的酒瓶為什麼都那麼大？」。對方還說，「日本人都那麼會喝酒嗎？」（笑）。搞得我不知該如何回答。

米　一升瓶的容量有1.8公升，的確是又大又重呢。給人一種要重重放在桌子上，豪邁地說「開喝囉！」的感覺。葡萄酒瓶一般是750㎖，雖然也有1.5公升的Magnum瓶，但那麼大瓶的葡萄酒並不常見吧。

純　**一升瓶裝的日本酒，是明治時代末期才出現的**。那個時候的一升瓶是手工吹製玻璃做成的，價格昂貴。不過因為很罕見，一下就紅起來了。當時的酒原本都是酒藏用杉木桶送到賣酒的店，酒店再將酒裝進一種名為通德利的酒瓶販售。一升瓶有別於德利，可以看見裡面的酒有多少，而且比較輕、攜帶方便。

米　那為什麼會有一升瓶呢？

純　原本的通德利，容量就是一升喔。當時賣酒的店，會將多間酒藏的酒混在一起，再加水稀釋。將酒調整得美味、好入口，可以顯現店家的功力。但也有許多黑心酒店，會賣冒牌或品質低劣的酒，聽說甚至有淡到金魚可以在裡面游泳的「金魚酒」喔。

米　嘎？可以讓金魚在裡面游泳的酒？

純　冒牌貨充斥的情形使得酒廠十分困擾，擔心自家名聲受到連累。於是灘的一家大酒廠率先採用玻璃瓶。玻璃瓶可以維持品質，並有防偽效果，這家酒廠便開始自行裝瓶，用的就是一升瓶。不久之後，玻璃吹製走向機械化，一升瓶得以大量生產，因此普及了起來。

米　嗯……那四合瓶應該是後來才出現的囉？一升和四合，妳比較建議買哪一種呢？

純　**在家喝的話，我建議買四合瓶**。因為重量輕，放冰箱也比較不占空間，全部喝完所花的時間也沒那麼久。而且四合瓶就和葡萄酒一樣，放在餐桌上也不會顯得突兀。如果是直接在瓶身上印刷的酒瓶，還不用擔心酒標弄濕了會脫落，很適合有氣泡的酒。餐飲店的話則會比較喜歡一升瓶。

米　為什麼呢？是因為可以節省採買次數嗎？

純　四合的價格通常訂在一升的一半，所以**買一升瓶等於賺到了二合！**這樣比較划算。而且**一升瓶也比較環保**，可以回收再利用！由於一升瓶相當有歷史了，因此有成熟的回收制度，再利用率達70％，回收率更有80％，可說是環保容器中的模範生喔。因為具有這些優點，除了酒之外，一升瓶也被當作醬油、醋、醬料、麻油等食材的容器。

米　我也曾經在茨城的道之驛看過一升瓶裝的乾納豆呢！

純　秋田也有用一升瓶裝的蓴菜喔。**其實，酒也有分適合用四合瓶裝的，或適合用一升瓶裝的**。以新鮮為賣點，口感細膩的酒，像是生酒或只經過一次火入處理的酒，用四合瓶絕對比較好！也有酒藏主人認為，四合瓶中的空氣較少，酒比較不容易氧化。有的酒藏追求細膩的釀酒風格，便只推出四合瓶裝的酒。

米　所以四合瓶的優點就是能盡量減少接觸空氣、打開後可以快點喝完囉。

純　貯藏在槽內，進行了二次火入處理的酒，或適合熱來喝的酒、老酒等商品也可以用一升瓶裝。這些酒和紅酒類似，開瓶接觸到空氣，可以讓香氣及味道打開，有時還會產生溫順而複雜的滋味。如果一天就全部喝光了，反而體會不到那種變化，甚至可以說有點浪費。**開瓶後分成幾天喝完，更能享受到口味的變化**唷。

米　原來如此。還有分適合用一升瓶裝的酒，跟適合用四合瓶裝的酒啊。那一升瓶每重新使用一次，就會裝到不同的酒囉。至於四合瓶可以比較快喝完，也方便收進冰箱，適合裝生酒或氣泡酒。而且價格相對親民，如果想多試些不同的酒，負擔不會那麼大。不過重點還是在瓶子裡裝的酒對吧！

葡萄酒（750㎖）

750㎖是葡萄酒瓶的基本尺寸。日本的葡萄酒則多為720㎖。

Magnum瓶（1.5公升）

派對等場合使用的大尺寸葡萄酒瓶。還有容量加倍的Double Magnum瓶。

通德利（1.8公升）

直到昭和時代初期，日本酒一般都是量好要購買的量之後，裝入德利，並不是一瓶一瓶賣的。

一升瓶（1.8公升）

明治時代是以手工吹製玻璃製作，大正時代進步為機械生產後，建立了日本酒專用酒瓶的地位。

原來紙盒裝日本酒有這些學問

米　紙盒裝日本酒也有不少種類耶。

純　紙盒裝的酒過去常給人品質不太好的印象，不過近來出現了紙盒裝的純米酒喔。

米　這邊的酒寫著**「合成清酒」**，這跟清酒（日本酒）有什麼不一樣啊？

純　「合成清酒」是戰前稻米不足時發明出來的，在清酒中加入了釀造酒精、糖類、胺基酸、酸味料等進行調整。由於和只用米與米麴釀成的酒成分差異太大，因此在一九四〇年制定酒稅法時命名為「合成清酒」。**最大的特色就是便宜！**甚至還有1.8公升只要六百日圓的超廉價酒。價格會那麼便宜，原因在於原料成本低、製造時間短、可大量生產，而且酒稅也低，所以能生產出低價的產品。似乎也有不少人當作料理酒使用。

米　包裝上有「只用米釀的酒」的字樣……所以是純米酒囉？

純　嗯……寫上了「只用米釀的酒」，的確會讓人這樣想。不過這不是純米酒喔，妳仔細看一下標示。

米　啊！這裡又有小字寫著「非純米酒」，這到底是？

純　如果是真的純米酒，幾乎都會標明「純米酒」。要冠上「純米酒」這個特定名稱的話，必須記載精米步合。這款酒的包裝上沒有標示「純米酒」及「精米步合〇%」，因此只是「普通酒」。如果一款酒是「合成清酒」，必須標明自己是「合成清酒」，但普通酒的話則不用。什麼都沒寫的酒就屬於普通酒。

米　嗄？**明明只用米和米麴釀造，卻無法稱為「純米酒」？**

純　因為純米酒的定義包括了①原料只有米與米麴，②米的等級為農產物檢查法所規定之三等以上，③麴米的使用比例在15%以上。就算原料再純，只要等級不符，或是將米溶成液狀釀造、米麴的使用比例未達規定的話，就不能稱為純米酒。因此法律規定，這樣子的酒必須註明自己不是純米酒，以免消費者誤認。不過，真正的純米酒，當然也屬於「只用米釀的酒」。

米　感覺有夠麻煩的！

純　真的！會變成這樣，是因為二〇〇四年時變更了標示基準。過去原本規定，精米步合70%以下才能稱為純米酒。當時廢除了這項規定，結果變成就算用的是沒有精米過的糙米，也能冠上純米酒之名。不過相對地，也新增了麴米使用比例的規定，而且必須標示精米步合。所以說，買紙盒裝的酒也和買瓶裝酒一樣，要記得確認原料等標示喔！

買紙盒包裝的酒，一樣要確認原料標示

雖然近來市面上可以看到紙盒裝的純米酒，不過紙盒裝的酒仍以合成清酒為大宗，購買時務必要詳加確認。

合成清酒

價格便宜的酒通常多是合成清酒。由於合成清酒有標示的義務，因此包裝上一定會註明。

只用米釀的酒

即使同為「只用米釀的酒」，也有符合規格的「純米酒」與未達規格的「普通酒」之分。若不是純米酒，包裝上會有「非純米酒」的標示。

記得確認酒標搞清楚自己買的是哪種酒

確認種類　大吟釀、吟釀、純米、本釀造為「特定名稱酒」，沒有任何標示的則是「普通酒」。

確認原料　僅有米、米麴，或是有添加釀造酒精。

自己釀梅酒
還有這些學問

梅酒熱潮的興起，使得市面上出現了使用各種酒醃漬梅子做成的梅酒。除了燒酎之外，白蘭地、味醂、日本酒做的梅酒味道各有千秋。以屬於釀造酒的日本酒浸泡梅子，會增添獨特的甘甜滋味，喝起來更為溫順。由於酒精濃度低，可以不稀釋直接飲用，還能直接品嘗到梅子最精華的美味。不少人可能也會想在家自己釀，但沒有酒類製造執照的一般民眾在用日本酒釀梅酒時，有些事情必須注意。

某些做法會觸犯酒稅法

日本的酒稅法規定，除了酒精濃度20%以上的酒之外，不得自行釀造。然而，梅酒一開始其實是用日本酒浸泡製作的。最早提到梅酒的文獻，是江戶時代的飲食與醫療書籍《本朝食鑑》。該書記載的梅酒做法為，梅子在稻草灰做的鹼液中泡一晚後，與砂糖一同浸泡在老酒中。以《東海道中膝栗毛》聞名的十返舍一九，也曾在《手造酒法》中提到相同方法。使用蒸餾酒釀梅酒其實是晚近的做法。

國稅廳的網站上便針對自家釀造做出了以下的說明。

Ⓠ消費者在自己家裡釀梅酒會有問題嗎？

Ⓐ使用燒酎等浸泡梅子等製作梅酒的行為（中略），消費者將下列物品（稻米等穀類及葡萄等）以外之材料，混入供自己飲用的酒類（僅限酒精濃度20%以上，且已課徵酒稅者），可破例不視為製造行為。

也就是酒精濃度必須超過20%才行。原因在於，酒精濃度超過20%的話，酵母會無法活動，不再進行發酵，酒精濃度便不會再上升。若自製梅酒使用的原料酒酒精濃度較低，酒精濃度可能會因為酒精發酵而上升。日本的酒稅是按酒精濃度課徵的，如果原料酒靠著釀梅酒提升酒精濃度，等於逃避了酒稅的徵收。這樣的規定是為了避免不肖使用。

目前酒稅僅占日本全體稅收的百分之二，但在明治時代，最高的時候曾達到國家稅收的四成。某些地方甚至因為大力取締私酒，拘留所裡關滿了頂罪的老婆婆。宮澤賢治的作品《稅務署長的冒險》中，也描述了署長與釀私酒的村民激烈爭辯的場面。

想在家用日本酒釀梅酒的話，得用酒精濃度20%以上的酒！不過別擔心，現在已經有浸泡※著果實的純米酒正大光明出現在市面上了！

※「梅ちゃん」（梅津酒造／鳥取縣）、「竹泉 超辛口 山田錦 純米原酒」（田治米／兵庫縣）等。

第4章

日本酒的疑問一次搞懂

什麼是特撰、上撰、佳撰？

米　我曾經在賣酒的地方看過寫著「特撰、上撰、佳撰」的酒，這也是特定名稱酒的一種嗎？

純　這有點不好懂呢。特撰什麼的，看起來好像是很不錯的等級，但**並不是特定名稱酒**。大吟釀酒的次一級是吟釀酒，再下來是本釀造酒。有的酒藏則將特撰定位成與本釀造酒同等級，次一級是上撰，再次一級為佳撰。這是過去留下來的習慣。

米　也就是說，佳撰是最便宜的等級，上撰在佳撰之上，特撰又更上一級，和本釀酒是同等級對吧？那為什麼不要叫本釀造酒就好？

純　本釀造酒在法律上的規定十分繁瑣，而特撰則是製造商自己訂的基準。也有的酒藏把特撰訂為本釀造酒之下的等級。

米　嘎！這樣還真難懂。

純　絕大多數的情況，特撰之類的都是添加了酒精等成分的酒。由於沒有清楚的定義，各種「〇〇撰」並沒有明確劃分等級的依據，所以我不是很推薦。

米　「〇〇撰」全都是有添加酒精的酒嗎？

純　也有酒藏推出了號稱「超特撰」的純米酒。像這種情況，就是酒藏依自己的標準將純米酒訂為超特撰。

米　那這些「〇〇撰」一開始是怎麼來的呢？

純　妳這個問題問得好！這得談到**一九九〇年開始的特定名稱酒制度**。這個制度上路之後，必須符合法律規定，才能冠上純米酒、純米大吟釀、吟釀酒等名稱。

米　換句話說，過去酒藏可以隨便使用純米酒、吟釀酒這些名稱囉？

純　建立特定名稱酒制度之前，有「日本酒級別制度」，將日本酒分為特級酒、一級酒、二級酒這三個等級。

米　那最好喝的當然是特級酒吧？

純　級別高低與味道無關，純粹是自行申告。若廠商要求將某款酒登記為特級酒，該款酒便是特級酒。

米　那酒藏不就將每款酒都申告為特級酒了嗎？

純　沒那麼簡單喔。一升瓶的特級酒，每瓶稅金多達一千零二十七日圓，二級酒只要一百九十四日圓，光是稅金就差了超過八百日圓。其實就是國稅廳對特級酒這個頭銜掛保證，藉此作為增加稅收的手段，無關味道的優劣。酒藏如果想以便宜的價格銷售好喝的酒，都會申告為二級酒來賣。

米　竟然有這種事！

純　二〇一七年獲得IWC（International Wine Challenge）本

釀造酒組最優秀獎的酒叫作「無鑑查」。這款好酒在過去有級別制度的時代，並未接受審查以冠上「特級酒」稱號，僅以二級酒的名義販售，並藉由這個酒名展現對於自身品質的自信與驕傲。

米　這算不上「寧為雞首，不為牛後」……好像也不是「雖當不了第一，也不甘於二級酒的地位」。我是不太懂啦，不過這樣的作風真的超帥氣的。

純　到頭來，這樣對消費者根本沒有幫助，因此在一九九二年**廢除了級別制度**。不過，原本有在賣特級酒的廠商就傷腦筋了，於是有的酒藏就用特撰、上撰、佳撰來代替特級、一級、二級。

米　還真是隨便！這樣的做法太不用心了。不過，特撰的「撰」字是什麼意思啊？

純　「撰」這個字是由提手旁，也就是有五根手指的手；以及表示兩人並肩邁出腳步的象形字組成的，意思是用手整理、梳理。過去日本會在編纂《勅撰和歌集》之類的作品時使用這個字，代表經過仔細品味、挑選蒐集，是個很了不起的漢字。

米　和單純用「選」這個字的感覺不一樣呢。

純　聽說戰後有段時間，居酒屋曾經流行過豎起兩根手指的動作。偷偷豎起兩根手指給老闆看的話，老闆便會默默送上二級酒。這樣可以避免點便宜的酒被人家發現而感到不好意思。

米　那點一級酒時，應該是高高舉起一根食指讓大家看到吧？

純　怎麼可能……想點一級酒的話，當然要故意大聲說「一級酒！」，讓周圍的人聽得清清楚楚。

過去的級別標籤

特級酒

一級酒

二級酒

當時規定特級酒、一級酒的酒精濃度為16％以上，二級酒的酒精濃度則為15％以上。

什麼是釀酒水？

純　釀造日本酒使用的水，叫作「釀酒水」。釀酒用到的米、麴等原料都可以從其他地方運來，惟獨釀酒水沒有辦法。由於水的用量很大，因此只能使用當地的水。有的酒藏甚至會四處尋覓好水，並特地為此搬遷。

米　用百大名水之類的水釀出來的酒應該很好喝吧？

純　百大名水裡面當然有像灘的「宮水」一般適合釀酒而聞名的水，但未必所有入選的水都能釀出美酒。**釀酒水的頭一項條件，是鐵和錳要少**。因為這兩種成分會和酵素產生的一種肽結合，使得酒變色或變質。所以鐵質少的水比起名水更適合釀酒。

米　也就是喝起來好喝的水，並不代表一定適合釀酒囉？

純　釀酒的水當然還是要喝起來好喝才行。**灘的「宮水」**不僅鐵質少，更因為鈣、磷等**酵母喜愛的礦物質含量豐富**，使得酵母充滿活力，發酵旺盛！所以釀出來的酒口味輪廓鮮明，口感暢快。正因如此，自古以來便有**「灘之男酒」**的說法。相對地，**伏見的酒**因釀酒水的水質較軟，口味柔和，而被稱為**「女酒」**。

米　那古時候的人是如何分辨，一個地方的水究竟適不適合釀酒的呢？

純　一方面是水本身的味道，再來就是實際釀成酒來比較了。剛才雖然說，只有水是無法運送的原料，但如果不怕麻煩的話，也不是運送不了。江戶時代發現「宮水」的酒藏主人在灘擁有兩間酒藏，但不知為何，只有其中一間釀出來的酒好喝。因此酒藏主人試著替換掉木桶之類的用具，或是負責釀酒的杜氏、藏人等，但依舊沒有改變。最後他將兩間酒藏使用的釀酒水互換，結果正中紅心！這樣做讓酒的口味也對調過來了。

米　經過不斷嘗試，終於找出答案了！

純　「宮水」是優異的釀酒水，這一點無庸置疑。不過好的釀酒水不是只有單一標準，就像屬於硬水的「宮水」可以釀出「男酒」，伏見的軟水也能釀出「女酒」。**有多少種水，就有多少種酒！**還有一件事情不能忘記，那就是釀酒是從種稻、從夏天的稻田開始的。對於不使用外地米，選擇以在地米釀酒的酒藏而言，適合種稻的水就是好的釀酒水。夏天在田裡種稻、冬天在酒藏釀酒的杜氏都能體會「夏天在田裡見過的水，到了冬天又在酒藏相遇，化作為酒」這句話。

酒的味道會隨釀酒水呈現不同風貌

釀酒工作與水的關係密不可分。
酒藏都會選在有好水的地方落腳，
釀出充滿在地獨到特色的美酒。

釀酒水的硬度對於日本酒口味的影響

硬水 → 男酒

紮實強勁的辛口酒

軟水 → 女酒

口感溫順柔和的酒

山形正宗

釀酒水為流經山形山寺附近的立谷川伏流水，屬於日本少見的硬水，也是「長命水」等湧水的源流。硬度約120㎎／公升。口味銳利明快，因而被譽為「銘刀山形正宗」，能感受到強韌的個性。雖被歸類為男酒，喝起來口感柔和。

水戶部酒造／山形縣

開運

使用的釀酒水為「長命水」，是日本戰國時代德川與武田家曾進行激烈攻防的高天神城所湧出。長命水屬於超軟水，釀出來的酒喝起來同樣柔順。這款酒兼具洗鍊滑順的口感與清新香氣、高雅的甜味與鮮味。土井酒造場孕育出的釀酒技術與酵母，讓靜岡博得了吟釀王國的美名，是靜岡名符其實的代表性吟釀酒藏。

土井酒造場／靜岡縣

釀酒的各種環節都會用到釀酒水

日本酒是用米、米麴、水釀造的，水分占了其中約8成。
從洗酒米開始，許多釀酒步驟都少不了水。

釀酒水

- 釀造酒醪
- 製作酒母
- 蒸米
- 泡米
- 洗米

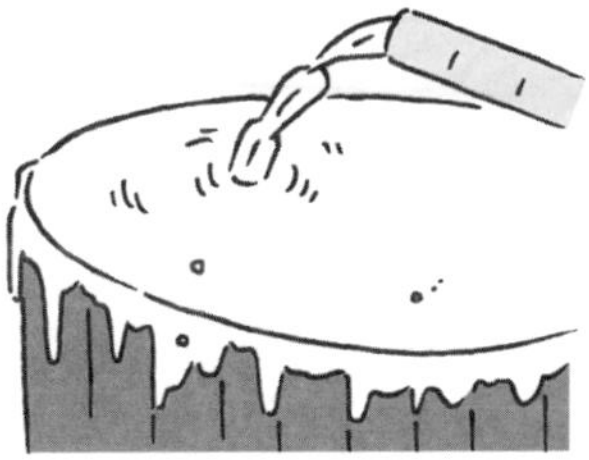

什麼是麴？麴的功用為何？

純　請來看看純米酒的酒標。原料的地方寫著「米、米麴」對吧？米麴是釀酒的原料之一，有時也單純稱為麴。另外像「鹽麴」在最近也滿有名的。

米　妳是說看起來白白的、表面鬆鬆軟軟，像米粒一樣的東西對吧？超市賣醃漬物的地方也看得到，我媽說可以用來做甘酒。

純　沒錯！妳講的就是米麴。那妳有直接吃過嗎？

米　沒、沒有耶……可以直接吃喔？

純　放進嘴裡嚼，會感覺到香氣，還有甜味湧出唷。其實麴擁有可以讓食材變好吃的魔力，像是使米飯吃起來更甜、魚或肉更軟嫩，並提升鮮味。麴看起來呈白色蓬鬆狀，是麴菌的作用造成的。麴菌會**製造出「酵素」**讓食物更美味。

米　酵素！就是很多商品打廣告的時候會強調的那個酵素嗎？添加在洗衣粉裡的酵素，竟然也可以運用在料理或酒上面嗎（驚）？

純　酵素具有分解物質的能力。用在洗衣粉，可以分解汙垢；用在料理上，可以分解澱粉或蛋白質！澱粉會被分解為糖分，蛋白質則會被分解成胺基酸！糖分可產生甜味，胺基酸會帶來鮮味，所以能使米飯和魚變得更可口！

米　魚抹了鹽麴之後，會變得更軟、更好吃的原因，原來要歸功於酵素啊。

純　據說當蒸過的米變成白色鬆軟狀，以前的人就稱之為「麴」。不過是到了明治時代，有了顯微鏡以後，才知道麴是麴菌生出來的，於是將這種菌命名為「麴菌」。

米　咦？所以說，古時候的人看得到肉眼看不見的東西嗎？

純　由於麴菌實在太渺小，肉眼是無法看見的。以前的人看到米變成了麴，想必覺得很神奇吧。

米　麴菌真是了不起的生物呀。

純　**麴菌是一種生物，不過酵素並不是生物**，這件事常有人搞錯呢。

米　酵素並不是生物……！原來我也搞錯了……。

純　有一句以前流傳下來的話，用來描述釀酒最重要的三件事，就是**「一麴，二酛，三釀造」**。釀酒最重要的，就是製麴。日本酒的原料——米，成分是澱粉，但維持著澱粉的狀態不會產生甜味。所以得借助酵素的力量，讓澱粉變甜！

麴會左右酒的風味

「麴」是「麴菌」在蒸過的米上製造出來的。麴菌產生的酵素會分解蛋白質及澱粉，帶來鮮味與甜味。

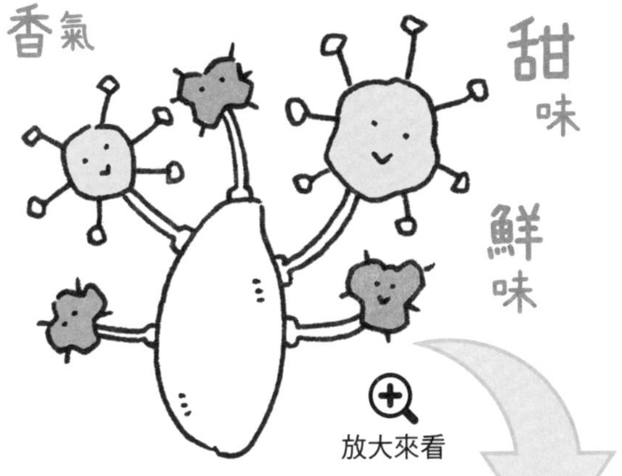

若蒸過的米上散布了麴菌的胞子，胞子不久後會發芽，長出菌絲深入米的內部。接著，菌絲前端會釋放酵素，開始發酵。

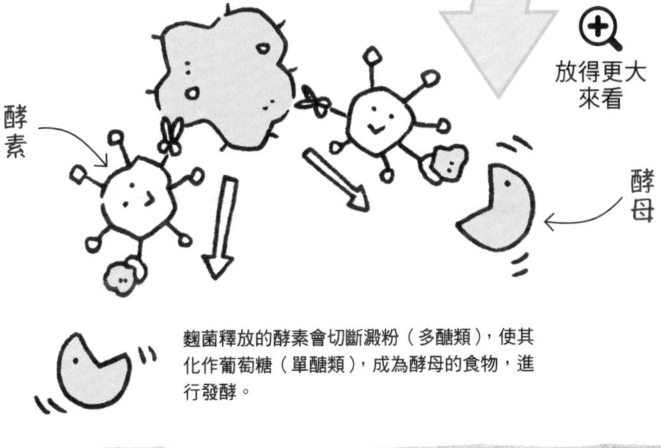

麴菌釋放的酵素會切斷澱粉（多醣類），使其化作葡萄糖（單醣類），成為酵母的食物，進行發酵。

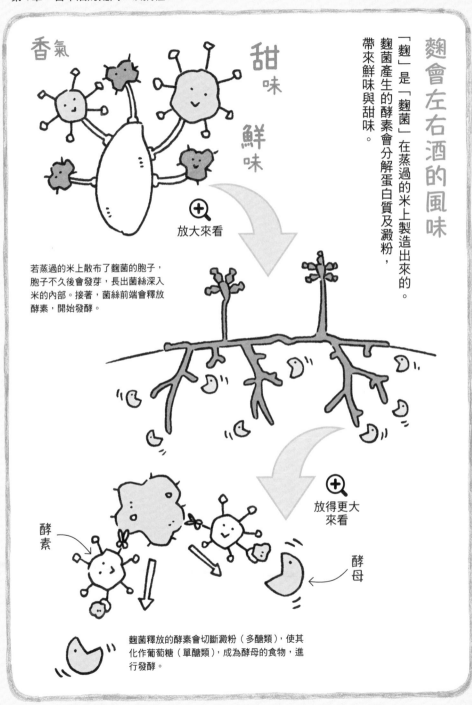

什麼是酵母？酵母的功用為何？

純　酵母的英文是**「yeast」**。酵母吃進糖分，製造出酒精與碳酸氣體的過程便是酒精發酵。酒藏賣的是酒精發酵產生的酒精，麵包店則是藉由碳酸氣體讓麵包膨脹。酒藏和麵包店在運用酵母製作食物這一點上，是一樣的唷！

米　這麼說來，把鼻子湊到吐司前面聞的話，真的會聞到酒精的氣味呢。

純　麵團因為發酵而膨脹時，會釋放出酒精，自然會有酒精的氣味！據說yeast這個字源自「氣泡」的古語，和希臘文的「氣泡」語源相同。似乎是因為發酵的時候會冒出氣泡，所以兩個字就搭上了關係！話說回來，妳知道葡萄酒是怎麼釀的嗎？將葡萄榨的汁裝進木桶放上一段時間，就會自然湧現氣泡，變成葡萄酒，真是太神奇了。

米　只要裝進木桶，就能釀出葡萄酒嗎？

純　其實是因為葡萄皮上有天然酵母。葡萄原本就很甜了對吧？所以要是果皮上帶著酵母的話，立刻就會開始發酵。葡萄酒便是以這種單純的發酵釀成的！這稱為**「單發酵」**。據說以前的人對於葡萄汁冒出氣泡、變為葡萄酒的過程感到不可思議，於是開始研究酵母這種肉眼看不到的菌。由於過去沒有顯微鏡，當時的人看到葡萄汁不斷有氣泡出現的情景，想必覺得很神奇吧！

米　簡直就是奇蹟！我看過超市有在賣乾酵母，也有不少麵包用的是葡萄乾做成的天然酵母等，但是我以前完全不知道酵母對日本酒而言有那麼重要（慚愧）。

純　或許是因為日本過去對於釀酒，關注的是肉眼看得見的麴，所以比較晚開始研究肉眼看不見的細菌。還有自古以來從事醬油釀造的業者，現在仍抱持「酵母是麴生出來的」這種觀念……。

米　會那樣想似乎也不能怪他就是了。

純　明明日本的釀酒歷史已經有兩千年之久，但**酵母在過去始終不為人知**。相較之下，**麴菌在日本有「國菌」之稱，可說是家喻戶曉**。

米　酵母真是太可憐了！

純　到了明治時代，啤酒的釀造學傳入日本，大家才知道原來酵母也是釀造日本酒的要角。當時yeast這個字還沒有正式的日文譯名，在拍板定案前，似乎還曾考慮過酒母菌、釀母菌等稱呼，最後才由「酵母」脫穎而出。

米　嗯……「母」啊？我聽說過，酒藏以前是禁止女性進入的……棲身在沒有女性的酒藏，名字中卻有「母」這個字，還真有意思呢。大概因為這種菌**孕育出了酒，所以被視為「酒的母親」**吧。

純　以它的作用來看，的確算得上是酒的母親！甚至有人說，如果沒有酵母的話，地球上就不會有酒的存在了。

米　偉大的酵母，真不愧是酒的母親！

純　簡單說明日本酒釀造過程的話，就是麴會分解米的澱粉，製造出甜味。在此同時，「酒的母親」會利用被分解的糖分製造出酒精與碳酸氣體。麴的工作是分解澱粉，但也不能進行得太快。「酒的母親」如果太趕，同樣釀不出美味的酒。麴與酵母必須合作無間，同時做好份內的工作才能釀出好酒。這可是相當困難的同步作業！這種發酵名為**「並行複發酵」**。相對於葡萄酒的單發酵，由於兩個環節是同時進行，因此稱作「並行複發酵」。日本酒之所以好喝，就是因為發展出了這項並行複發酵的技術。以前的日本人真厲害！放眼全世界，也就只有日本酒是僅使用米這單一材料，並以並行複發酵的方式釀造而成！要記住喔！來，跟我一起說一遍，「並、行、複、發、酵」！

日本酒的發酵為並行複發酵

日本酒的原料──蒸過的米雖然有澱粉，但沒有糖分，因此要藉由麴的酵素糖化。日本酒與同為複發酵的啤酒有一項重要差異，就是澱粉並非一次全部糖化，而是一點一滴逐漸進行。在酵素將澱粉糖化的同時，酵母也正在發酵。由於糖化與發酵是同時進行，因此稱為並行複發酵。

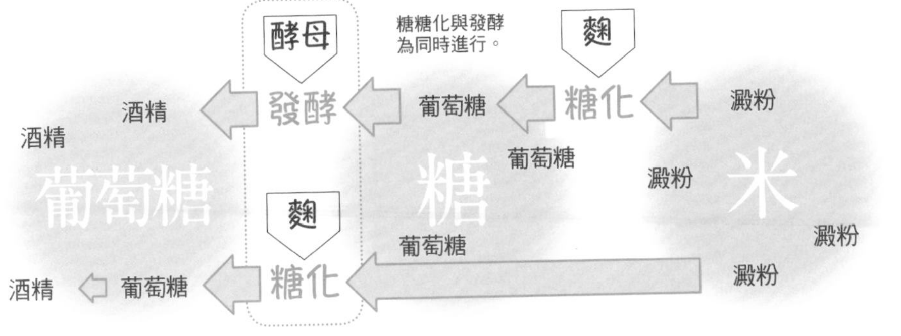

葡萄酒為單發酵
啤酒為單行複發酵

酵母的發酵會使葡萄的葡萄糖轉變為酒精。這僅是單純的一次發酵，所以稱為單發酵。
啤酒的原料為麥芽，有澱粉但沒有糖分。啤酒是藉由麥芽本身擁有的糖化酵素，一次將所有澱粉糖化，轉變為葡萄糖。接著，再靠酵母使葡萄糖發酵。由於有糖化與發酵2道程序，所以是複發酵。

日本酒有哪些酵母？

純　妳覺得日本酒的酒醪裡面，有多少酵母呢？**1㎖之中有超過一億個酵母**喔。一個細胞的尺寸，僅有頭髮的十分之一粗。即使用顯微鏡來看，似乎也全都是一個樣，但其實彼此都有些微不同。雖然在顯微鏡下只看得出集團的差異，不過酵母就像一個個民族一樣，分為不同群體。

米　有那麼多酵母在酒裡面辛勤工作呀。

純　據說最多的時候，甚至有到兩、三億個。**專為釀造日本酒所純粹培養的酵母叫作「協會酵母」**。協會酵母的編號從6號、7號、9號，一直到1801號。日本釀造協會提供酵母的對象僅限酒藏，並會收取費用。1號酵母是明治時代從兵庫縣的「櫻正宗」採集的，後來又陸續發現了適合釀造日本酒的酵母，進行培養。現存最古老的酵母，是一九三〇年自秋田縣的「新政」採集的6號酵母。由於這種酵母誕生於寒冷地帶，具有旺盛的發酵力。6號問世之後，1至5號變得乏人問津不再使用，因而除役。

米　有到1801號的話，那代表採集了超過一千種酵母囉？

純　不是的，**編號末2碼的「01」代表的是改良為「無氣泡」的酵母**。酵母在發酵時會產生氣泡，若氣泡堆積得太高太厚，會造成作業上的困難。因此便改良出不會產生氣泡的「無氣泡酵母」，並在編號後方加上「01」做為區別。6號酵母的無氣泡版本便為「601號」酵母。

米　yeast這個字明明源自「氣泡」，卻又特地研發沒有氣泡的酵母嗎……。

純　協會酵母經過不斷改良，在香氣、口味、發酵力等各方面開發出五花八門的特色。像是香氣豐富、酸度較低的酵母，或是主成分為蘋果酸的酵母等。那些等到對日本酒有更深入的了解之後再接觸就行了。剛開始喝日本酒的人，我建議先從使用以前的酵母釀的酒喝起！

米　按照**6、7、9、10……的順序**來喝對吧？我會試試看的。

純　近來也有某些縣自行開發酵母，最早這麼做的是「靜岡酵母」，這是自「開運」採集的酵母。風味清爽，適合用於吟釀酒，現在仍十分受歡迎！也是靜岡縣的酒藏愛用的酵母。除了靜岡，山形縣及宮城縣的酵母也很不錯唷。另外，還有會讓酒的顏色變成粉紅色的特殊酵母呢。

米　粉紅色嗎？感覺很適合在賞花的時候喝呢！

酵母有各式各樣的種類與不同特色

釀出來的酒會是大吟釀、純米酒或氣泡酒……等，取決於酵母的種類，口味也會隨酵母而有差異。

協會酵母安瓿

日本釀造協會提供給全國各地酒藏使用的「協會酵母」，是裝在玻璃安瓿內。

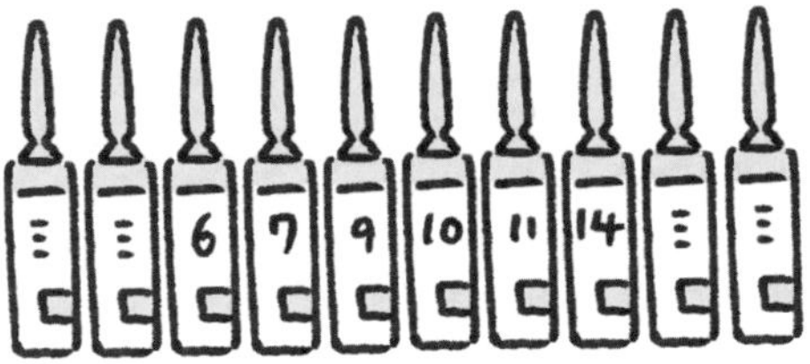

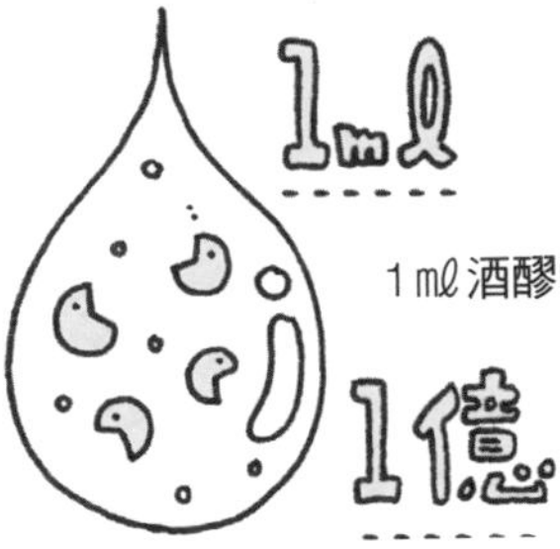

1mℓ酒醪中有超過一億個酵母。

「協會酵母」的種類

有氣泡酵母

編號	特色
6號	發酵力強、香氣弱，適合喝起來溫順、淡雅的酒（新政酵母）。
7號	香氣豐盈，吟釀用及普通釀造用皆適合（真澄酵母）。
9號	屬短期酒醪，具豐富香氣與強烈吟釀香（熊本酵母）。
10號	屬低溫長期酒醪，酸味少、吟釀香強烈（明利、小川酵母）。
11號	即使拉長酒醪狀態的時間，仍有鮮明暢快口感，胺基酸少。
14號	酸味少，呈低溫中期型酒醪的發展走向，適合特定名稱清酒（金澤酵母）。

無氣泡酵母

編號	特色
601號	性質分別與6號、7號、9號、10號、14號酵母相同，但酒醪不會產生高泡。
701號	
901號	
1001號	
1401號	
1501號	呈低溫長期型酒醪的發展走向，適合酸味少、吟釀香強烈的特定名稱清酒（秋田流、花酵母AK-1）。

出處／日本釀造協會

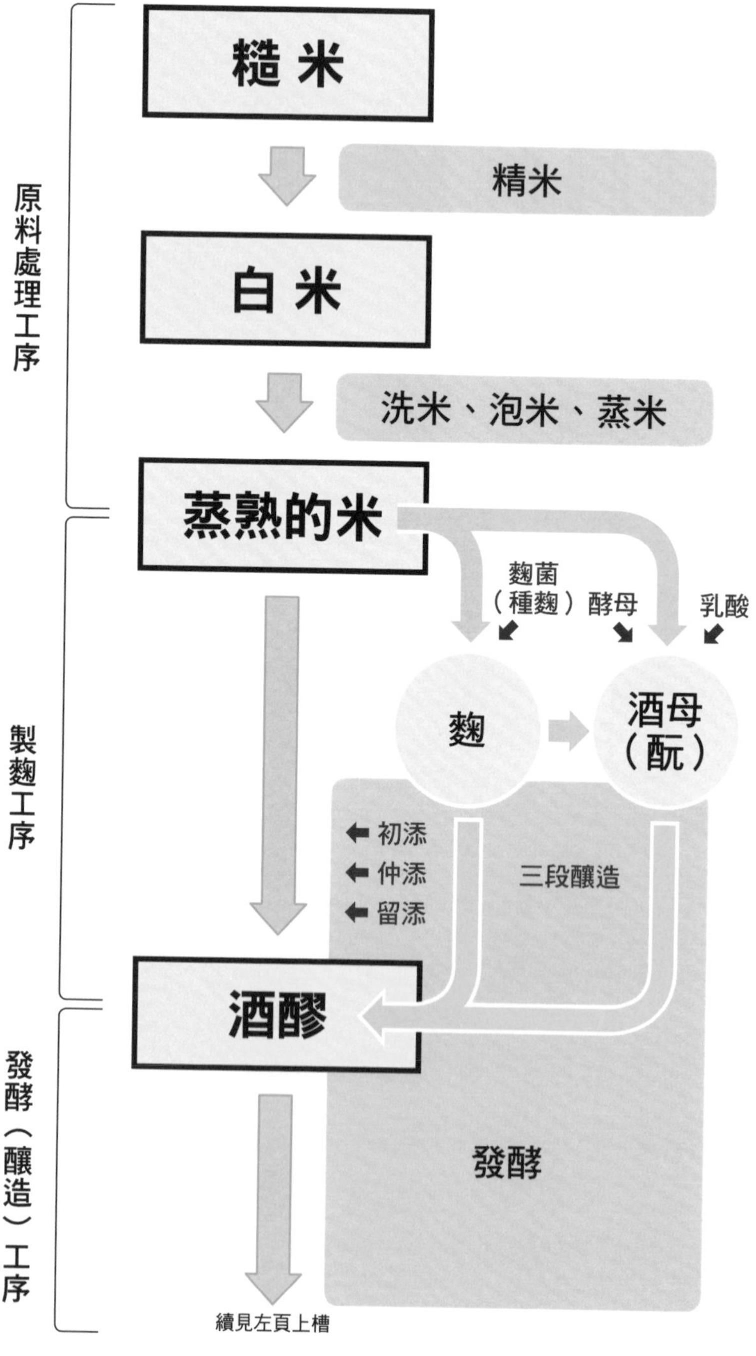
原料處理工序
糙米
精米
白米
洗米、泡米、蒸米
蒸熟的米
製麴工序
麴菌
（種麴）
酵母
乳酸
麴
酒母
（酛）
初添
仲添
留添
三段釀造
發酵（釀造）工序
酒醪
發酵
續見左頁上槽

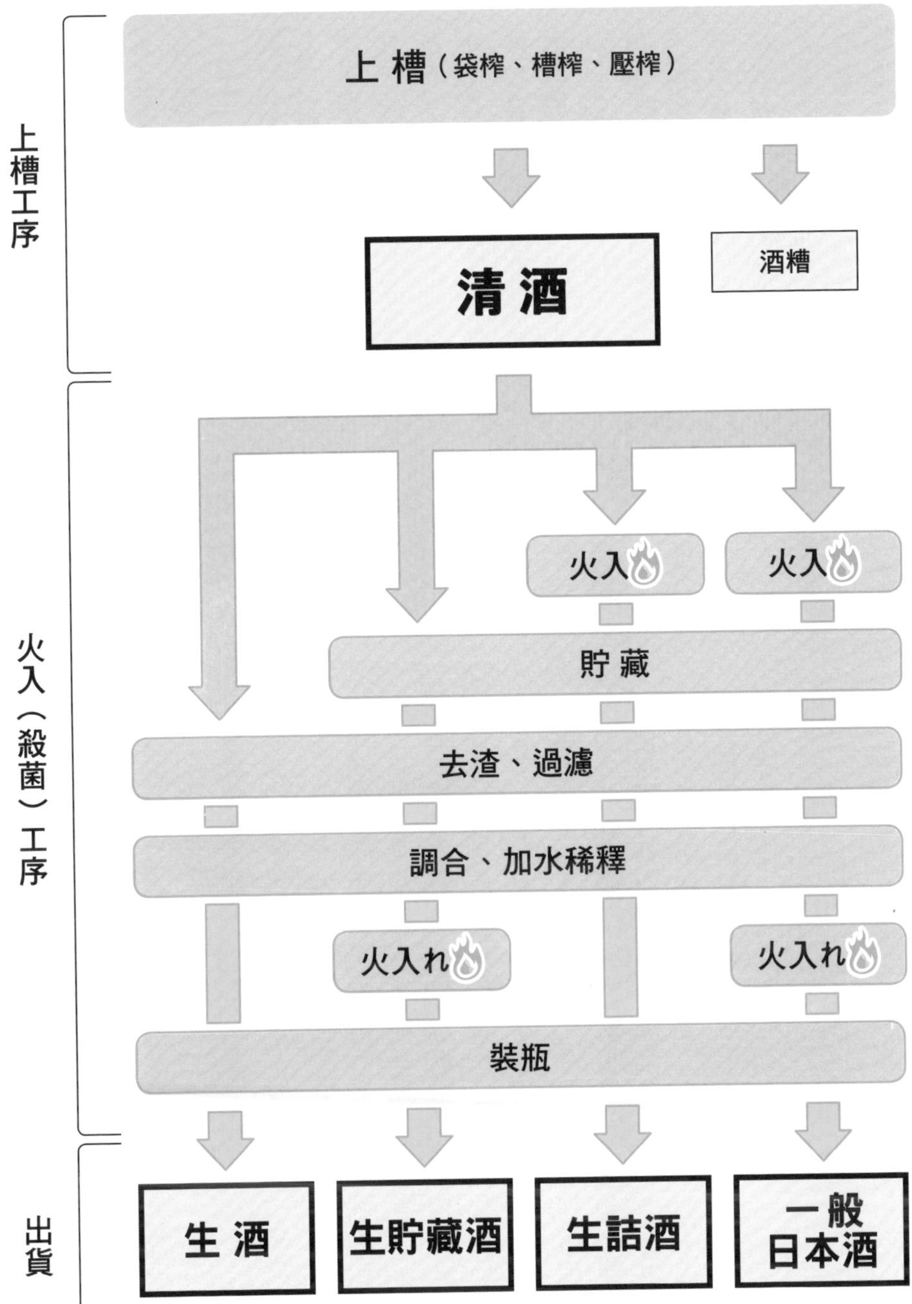

※近年來，有愈來愈多講究品質的酒藏，推出了裝瓶之後才進行火入處理的「瓶火入酒」。

認識日本酒的釀造 1 精米～洗米～蒸米

純　每次要煮飯的時候，才將糙米精米為白米，這樣煮出來的飯比較好吃。因為米從精米的那一刻起就會開始氧化，所以要煮之前才精米是最理想的！釀酒使用的米基本上也一樣，是以糙米的狀態保存，釀酒前才精米。

米　自己家裡的糙米可以拿去超市，用那裡的精米機，但美中不足的是時間超乎想像地久，要等上好一陣子，還必須一直待在旁邊。釀造日本酒的精米作業應該有效率多了吧？

純　釀造日本酒使用的米會削磨得很仔細。如果一下削磨得太快，米粒容易破裂，而且米會因為摩擦熱而容易變乾，導致破裂或走味。所以會逐步放慢精米速度，**花時間小心地削磨**。

米　竟然那麼用心精米（驚）！看來想釀出好酒，從削磨米開始就得一直繃緊神經呢。

純　有的酒藏自己就有精米機，有的酒藏則會委託技術高超的精米工廠。由於一次的精米量是以數百公斤為單位，因此使用的精米機遠比家庭用機種大，高度超過一個人，有的甚至有3層樓高。精米機大致可分為兩種，一種是讓糙米彼此摩擦，以削去米糠；另一種則是以研磨石磨擦糙米。讓糙米互相摩擦的方法所得到的米表面比較漂亮，但缺點是耗費的時間過長，以及溫度容易上升。精米結束之後，下一個步驟是洗米。

米　酒藏的洗米作業有什麼特別之處嗎？

純　想釀出好酒，用心在釀酒製程上的酒藏，會以五公斤或十公斤為單位，**分成多次，少量少量地洗**。過去是在冷水中使用竹篩人工手洗，近來則有愈來愈多酒藏使用最新型洗米機，藉由強勁水流溫和仔細地洗米。米洗好之後，要泡在釀酒水中吸水。酒藏會測量吸水前與吸水後的重量，以1%為單位控制吸水率。另外，釀酒用的米是蒸熟而非煮熟。蒸的米和煮的米差別在於熟飯狀態的含水量不同。**蒸熟的米含水量為30%～40%**，用煮的則是60%～70%。製麴是釀酒製程的重要環節，而**容易生出麴菌的含水量約為30%**，正好和蒸熟的米差不多。若含水量過多，米會在酒醪中溶解得太多，使發酵變得不好控制。至於蒸米使用的器具，則是一種自古流傳下來，名為甑的大型蒸具。

釀酒的第一項工作是糙米的精米

使用精米機仔細地削磨糙米，是為了將釀酒所不需要的部分自米粒去除。從精米到蒸米，每個環節都不得馬虎。

精米

酒米的精米過程緩慢而細膩，精米所需的時間依精米步合而有不同。

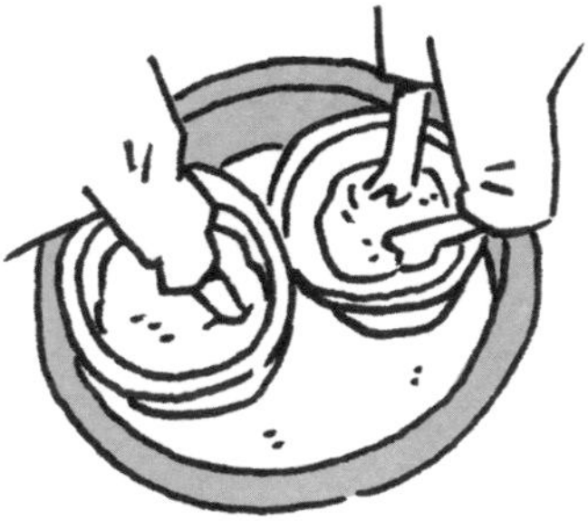

洗米

將沾附在米粒上的米糠、碎屑等沖洗乾淨。

泡米

精米步合愈低，吸水速度愈快，因此要用碼表計時，以秒為單位進行作業。

蒸米

將米蒸過可讓麴的酵素更容易接受糖化作用。蒸好的米會分為麴米與掛米，分別用於酒母與釀造。

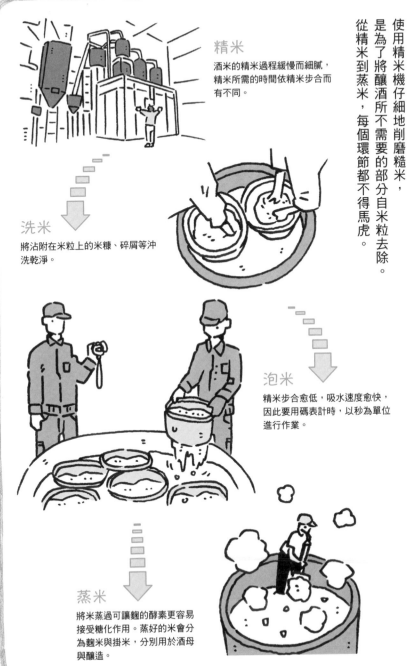

認識日本酒的釀造 2 製麴

純　釀酒基本上是在寒冬進行，因此日文中有「寒造」這個詞。氣溫低的話，較不會有細菌繁殖，可以在清潔的環境中釀出清新純淨的酒。近來有些九州地方的酒藏，希望能有像東北地方那樣寒冷的環境，因此設置空調，在像是冰箱一樣的房間內釀酒。

米　所以冷一點對酒比較好囉。冬天連水都很冰，在寒冷的酒藏裡釀酒很辛苦吧。

純　沒錯，不過唯獨一項作業是在天堂般溫暖的房間裡進行。

米　是老闆的房間嗎？還是製作員工伙食的廚房？

純　是進行製麴的「麴室」。比起溫暖，用熱來形容可能更合適。**為了方便麴菌繁殖，必須營造高溫多濕的環境**。由於工作時會流汗，聽說以前都是打赤膊進行作業的。

米　哇，打赤膊！

純　因為以前沒有那麼多衣服可以換，所以乾脆打赤膊。現在也還是有酒藏這樣做，不過也有許多酒藏的作業人員是穿著乾淨的白衣、戴帽子，以免汗水滴進米裡。

米　麴室是密閉空間嗎？

純　為方便管控溫度，因此天花板低，沒有窗戶。門則是又重又厚的木製隔熱門，確實做好隔離，以防止房間內的溫度受到外面影響。

米　麴室應該只有負責釀酒的藏人可以進去吧？

純　自古以來就有「一麴，二酛，三釀造」這句話，說明了**製麴是釀酒中最重要的工序**。麴室是花錢打造的特別房間，蒸好的米會搬來這裡，灑上被稱為種麴的「麴菌」。現在日本全國僅剩下幾間提供麴菌的種麴業者。**種麴還有一個別名叫作「豆芽」**。

米　不是做菜用的豆芽，而是釀酒少不了的「豆芽」！在蒸熟的米上繁殖出麴，就成了又白又甜的米麴對吧？

純　沒錯。麴菌乍看之下，好像煙霧般空中飛舞。雖然小到肉眼幾乎看不見，但聽說厲害的杜氏可是能夠自在操縱麴菌的喔。麴菌可以在那麼小的米粒上生根、繁殖，真可說是神乎其技！麴菌附著在蒸熟的米上，菌絲深入米粒內部，這種**理想狀態的麴被稱為「突破精」**。之後還會進行揉散、混合的作業，製麴總共需要約兩天半的時間，完成後麴會從麴室運出來。有的酒藏在此期間會每三～四小時查看麴的狀態，即使半夜也不偷懶。而且還要視溫度重新堆放麴米，就像在照顧需要細心呵護的小寶寶一樣。

製麴是釀酒的核心工作

為了讓麴順利繁殖茁壯，
必須在維持一定溫度的麴室內細心謹慎地進行手工作業。
許多酒藏也會使用可以控制溫度的自動製麴機。

❶種切

將麴菌灑在蒸好的米上。

❷保溫靜置

用布將米包起來保濕，維持高溫多濕的環境，使麴菌發芽。

❸揉散混合

日文稱為「切返」。打開包起來的布，攤開、混合麴米，使溫度均勻。

❹分裝

為避免麴的溫度上升過多，將麴米分裝到盒子中。

❺仲仕事、仕舞仕事

以不同方式攤開、鋪放麴米，以調整溫度與濕度。

❻重新堆放

分裝盒的堆放位置上下互換，使每盒都維持一定溫度。

認識日本酒的釀造 3 製酒母

純　**製酒母**是實質釀造製程的第一道工序，屬於釀造的準備階段。酒母被稱為日本酒的啟動裝置，也叫作酛。當一點的話會發現，味道又甜又酸，非常濃郁！至於外觀則像粥一樣，呈濃稠狀。做好酒母後，還要再經歷三個階段的作業，日本酒才大功告成。製酒母及後續的釀造，有3項不可或缺的條件，分別是：一，**酵母**！二，可以殺死酵母以外微生物的**乳酸**！三是培育酵母所需的**糖分**！為湊齊這三項條件，**酒母的製造方式可大致分為三種**，分別是**生酛、山廢酛、速釀酛**。生酛是誕生於江戶時代的製造方式，使用的是活的乳酸菌，可以想像成乳酸飲料那樣。山廢酛是明治時代所發明，省略了一部分生酛的步驟。速釀酛出現在明治時代後期，簡便、沒有用到乳酸菌。近年來，市售的日本酒有九成以上都是使用速釀酛。

米　所以釀造並不是只有單一方式，嗯，我懂了。

純　**酒母的原料為米麴、蒸熟的米、釀酒水，這三者以大約一比四比六的比例**倒入槽中混合。生酛及山廢酛是讓棲息於自然環境中的乳酸菌進到槽內，進行乳酸發酵，產生乳酸。速釀酛則是在槽中加入市售的「合成乳酸」，很快就能做出酒母。

米　如果是加進去的，那算食品添加物嗎？

純　的確算是添加物，但即使加了這種乳酸，也沒有強制規定必須標示於原料中。日本酒其實有各式各樣可以不用記載的食品添加物，像是酵素劑、礦物質等。也有極少數的酒像新政酒造那樣，會在瓶身上標示「不使用任何添加物」。

米　沒有添加物的話，那就是生酛或山廢酛的酒囉？

純　即便採用速釀酛，也還是有很多好喝的酒，就請妳想成這是三種不同的酒母製造方式。好了，當乳酸濃度上升，能夠充分殺菌之後，就輪到酵母上場了！有的酒藏是添加裝在玻璃安瓿裡的「協會酵母」，也有酒藏是用自家培養的酵母。當酵母開始繁殖，便會有氣泡不斷冒出來囉！

米　終於到了酒精發酵的階段了。對了，生酛和山廢酛都是屬於乳酸發酵，那味道會不一樣嗎？

純　山廢酛省略了「山卸」這項要將蒸熟的米磨碎的苦差事，讓釀造變得比較輕鬆。有人覺得與生酛相比，山廢酛的味道稍微粗糙了些。

製造酒母必須大量培養酵母

製酒母有生酛、山廢酛、速釀酛等三種方式。
到酵母大量繁殖、完成酒母製造為止，
速釀酛需要約十天，生酛與山廢酛則是一倍以上！
由於酵母是有生命的，因此不得分神。

酒母的3項原料

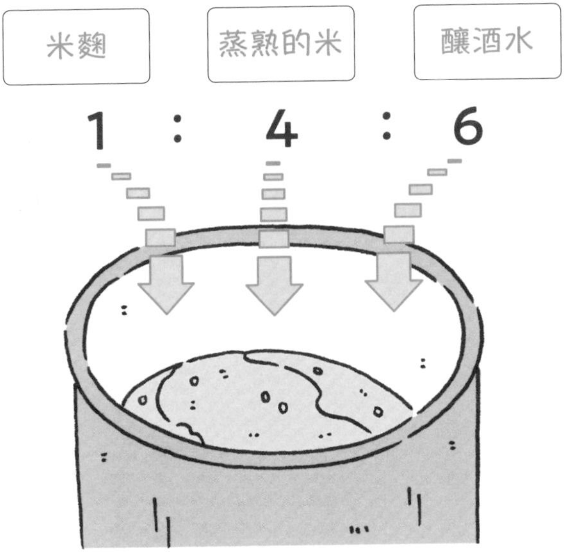

查看酒母的狀態

酒母是在酒母室的小槽中製造。
藏人必須時時查看酒母的狀態、香氣、溫度、酵母數量。

認識日本酒的釀造 4 三段釀造、製酒醪

純　阿波羅11號登陸月球使用的火箭有三截，日本第一個在奧運奪金的項目是三級跳遠。就像三級跳遠藉由騰跳、跨跳、躍跳三個階段，讓自己跳得更遠，日本酒的釀造也有類似的概念喔！

米　我等好久了！妳指的是三段釀造對吧？

純　**三段釀造是藉由「翻倍」的方式增加酒母**，早在室町時代就已存在，是日本自豪的傳統技術！

米　翻倍啊……，很像騙人家投資的時候會用到的詞……。

純　在過去還沒有「協會酵母」的安瓿，也沒有合成乳酸的時代，要如何增加酵母是個大問題。怎麼做才能藉由乳酸發酵提升乳酸濃度，是最重要的一件事！這一點非常累人。生酛製法的酒母本身就含有酒精，已經等於是酒了。現在也有酒藏單獨把酒母當成商品來賣。由於酛摺是非常辛苦的作業，只做酒母來賣的話，價格會飆漲得很厲害。三段釀造則解決了這個問題！以翻倍的方式增加酒母，**是一項劃時代的技術，可以更有效率地釀出大量日本酒**。而且，如果想一次釀出大量的酒，而增加原料的投放量，反而會削弱酵母，因此這也是一項能善加利用酵母的技術。

米　在還沒有顯微鏡，也不知道有酵母這種東西的時代，就發明了如此卓越的技術，日本人真厲害！

純　三段釀造正如其名，是分三次增加酒母的數量。首先在第一天，加入酒母兩倍分量的米麴、蒸熟的米、釀酒水，這稱作「初添」。第二天會休息一天，等酵母穩定下來，稱為「踊」。這就像爬樓的的時候，走到途中停下腳步稍微休息一下。而到了第三天，會加入酒母四倍分量的原料，這叫作「仲添」。第四天的「留添」，則會投放八倍的量，使酒母的量**增加至十倍以上**。最後得到的就是酒醪。這三個階段分別簡稱為「添」、「仲」、「留」。

米　既然總量增加了，那酵母比例、乳酸及酒精濃度應該也會減少吧？

純　並不會喔，三段釀造結束後讓酒醪慢慢地發酵，酵母會逐漸增加，酒精濃度也會上升。乳酸也稀釋到了恰到好處的比例，適合飲用、好入口。雖然是釀造酒，酒精濃度卻接近20%，全世界只有日本酒能做到！這就是**日本獨一無二的傑出釀酒技術**！

三段釀造完美發揮了酵母的作用

這項能讓酒母倍增的技術已傳承了約五百年，是日本酒獨有的傳統技術。

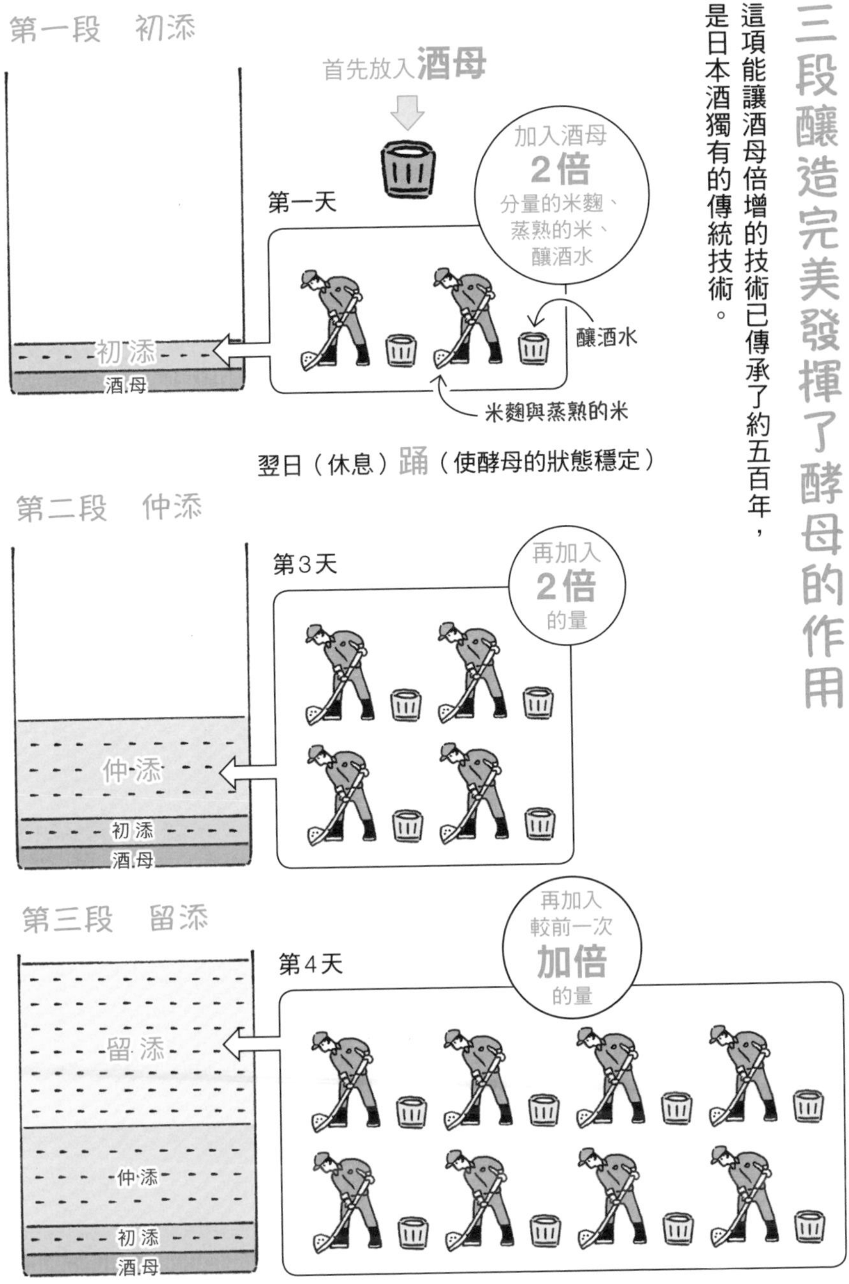

認識日本酒的釀造5 上槽 其一

純　日本酒也叫作「清酒」，妳覺得是為什麼呢？

米　代表這是清澈的酒，味道清新潔淨嗎？

純　以前的酒大多是白色混濁狀的濁酒。相對於濁酒，用布等材質過濾「酒醪」所得到的澄澈的酒，便是清酒。不過濾酒醪，直接飲用的則是「濁酒」。過去家家戶戶都會自己釀濁酒，但後來被酒稅法禁止了。釀造濁酒需要專門的釀酒執照，在全日本的一千多間酒藏之中，擁有濁酒釀造執照的並不多。酒藏可以釀製酒醪，但不過濾便當作商品出售的話，這會被視為「濁酒」，等於違反了法律規定。

米　這樣是違法的嗎？可是我看很多地方都有販賣白色混濁狀的酒啊？

純　那種是經過粗略過濾的酒。即便只過濾了一次，只要有過濾的話就不算違法。那我問妳，酒醪榨出來的液體是酒，那剩下來的固體呢？

米　固體嗎……呃……啊！是酒糟！

純　沒錯！**藉由榨酒將液體與固體分離的作業**，酒藏稱為「上槽」。

米　液體與固體……剩下來的是酒糟，榨酒叫作「上槽」，酒藏的用語真是特別。

純　上槽，也就是**榨酒的方式，大致可分為三種，分別是袋、槽、壓榨機**！首先，最容易理解的是「袋榨」。將裝有酒醪的袋子吊掛起來，酒便會不斷滴落。這種方式又稱為「袋吊」、「雫榨」，也有人因為袋子吊掛的模樣，取了「上吊」的別稱。由於**「袋榨」是手工作業**，藏人必須團結一致，動用人海戰術。這種榨酒方式不僅耗時費工，又只能一點一點地榨，因此僅用於參賽酒等特別高級的酒。

米　具體來說是怎樣榨的呢？

純　在小槽頂端搭上棍子，然後將裝了酒醪的袋子用繩子吊掛在棍子上，收集因重力而滴落的酒液，這種方式便是「袋榨」。**由於完全沒有施加壓力，是最溫和的榨酒方式**。這樣雖然能榨出沒有雜味，純淨而細膩的酒，但既費工夫，量也不多，因此幾乎沒有市售，就算有也不便宜。袋榨剩下的酒糟會再放回酒醪中重新榨酒，因此這種酒糟不會拿出來賣。袋榨有時也會因為酒醪接觸到空氣，或榨酒耗費太久時間而氧化，影響到酒的味道。另外，若氣溫太高會導致酒變質，因此都是在嚴寒時期的清晨、天亮前進行。有的酒藏甚至是在冰庫裡作業喔。

日本酒的「過濾」大解密

黏稠液體狀的酒醪在過濾之後，便成了好入口的日本酒。酒醪的過濾方式五花八門，從傳統到現代化的手法都有人使用。

清酒與濁酒的不同

兩者差異在於，是不過濾酒醪直接飲用，或過濾成外觀澄澈的清酒。酒的味道也會隨榨酒方式而有所不同。

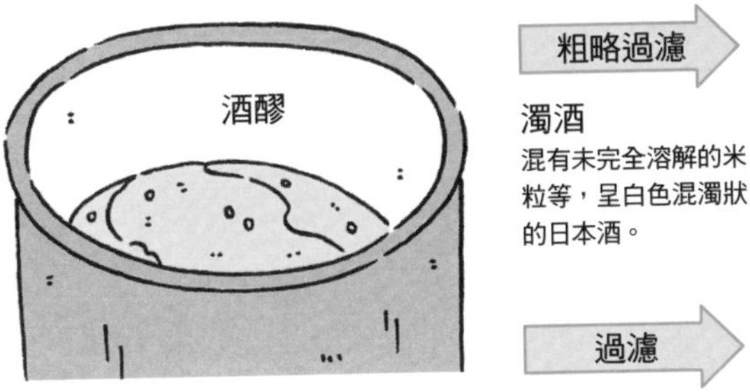

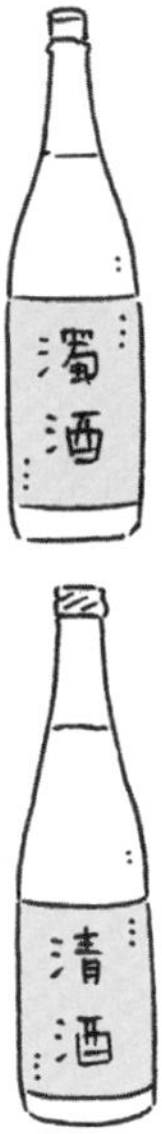

濁酒
混有未完全溶解的米粒等，呈白色混濁狀的日本酒。

清酒
使用布等材質過濾，清澈透明的日本酒。

榨酒方式①「袋榨」

酒醪接觸到空氣會氧化，因此要裝進袋子裡。

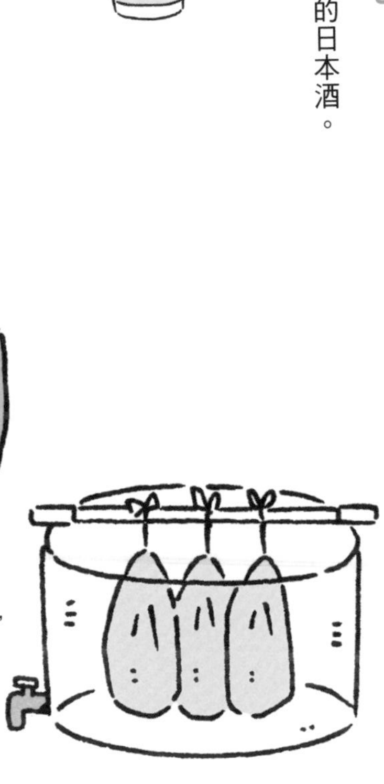

吊掛袋子，不施加壓力，收集自然滴落的酒液。

認識日本酒的釀造 5 上槽 其二

純　接著介紹**「槽榨」**！槽榨的「槽」為長方形，是一種看起來類似浴缸，長度約三公尺的榨酒器具。榨酒方式是**將酒醪裝於布袋中，袋口折起，在槽中排放整齊**。排完一層之後，再疊上第二層繼續排列。

米　感覺很需要毅力耶。

純　酒是靠很多人才有辦法釀出來的，真的應該心存感激啊。不同時間點榨出來的酒，也有不同稱呼。最先榨出來的酒，是裝了酒醪的袋子堆起來後自然流出的，稱為**「荒走」**。荒走的味道沒那麼細膩，含有大量氣體，口感清新。

米　感覺酒好像是從袋子裡生龍活虎地跑出來的呢。

純　接著是從上方稍微加壓榨出來的酒，稱為**「中取」**或**「中汲」**。這是最為滑順，口味最為均衡、美味的部分。最後經過強力加壓榨出來的，叫作**「責」**。責會帶有雜味，味道較單一無變化，通常會與其他部分混合，不太單獨販售。最後要介紹的榨酒方式是**「壓榨」**，這是許多酒藏採用的方式。壓榨使用的是外觀類似大型手風琴的水平式榨酒機，施加高壓，可以自動且快速地榨酒。業界一般常以製造商的名稱**「藪田」**來稱呼這種榨酒機。

米　這種機器的內部是什麼樣子啊？

純　壓榨用的榨酒機呈風箱狀，內部有幾十片橫向重疊的板子。榨酒時會用管子將酒醪注入機器中，填滿板子間的空隙。然後再施加空氣壓力，橫向壓榨。由於可以施加比槽榨更高的壓力，因此能從酒醪中**榨出更多酒，效率較佳**。另外，**因為壓榨時間短**，據說酒較不易氧化。以這種方式榨酒所剩下的酒糟稱為「板粕」，就是一般在超市販賣的板狀酒糟。

米　因為是用高壓榨酒，所以酒糟才變得又薄又硬吧。

純　最高價的榨酒機採用的是「遠心分離榨酒」技術，全日本僅有數台。原理是裝入酒醪後，以旋轉的方式榨酒，藉由離心力將酒糟往外側壓縮，澄澈的酒液保留在內側。雖然一台要價高達數千萬日圓，但因為沒有用到布，所以榨出來的酒味道潔淨，是劃時代的分離方式。對了，酒藏的藏人會依工作職掌的不同，而有「麴屋」、「酛屋」等職稱，不過負責上槽的藏人並不叫「槽屋」，而是稱作「船頭」。大概是因為槽與船在日文裡的唸法相同吧。真是有趣呢。

「槽榨」與「壓榨」皆是以加壓方式榨酒

槽榨的榨酒方式較柔和，因此酒不會有雜味。
壓榨的榨酒時間較短，不用擔心氧化。
榨酒方式也會影響到日本酒的口味。

榨酒方式②「槽榨」

將酒醪裝入袋中，折起袋口，排列整齊。排列完畢後放上板子，再以重石加壓緩緩榨酒。最先滲流出來的稱為「荒走」，接著稍微加壓榨出來的則是「中取」。最後榨出的酒叫作「責」。

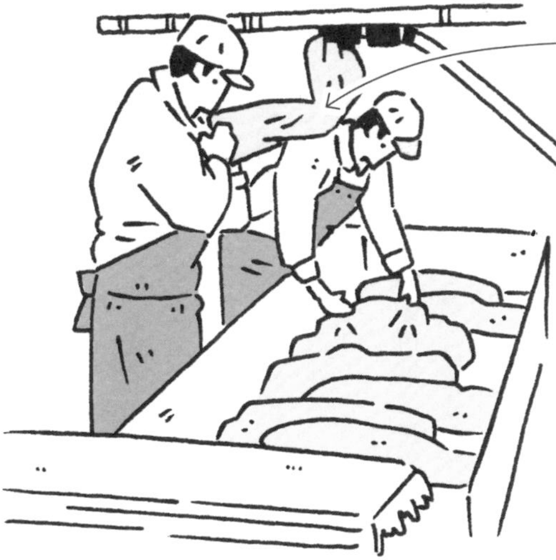

榨酒方式③「壓榨」

使用被稱作藪田式的壓榨機，施加空氣壓力榨酒。
可以在短時間內榨出大量酒液，目前幾乎所有日本酒都採取此方式。

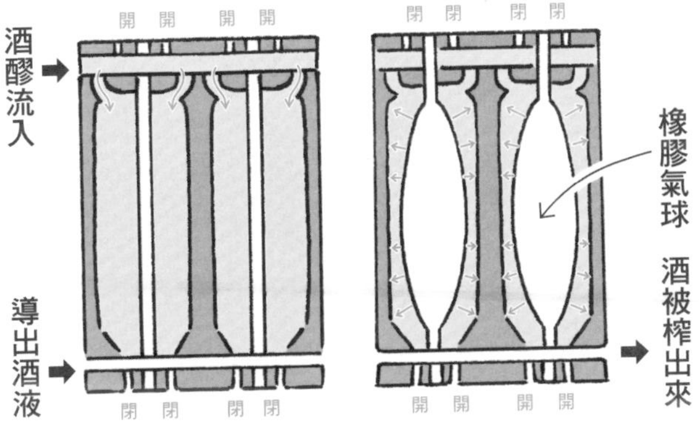

酒醪流入板子與板子間。下方閥門關閉。

灌入空氣使板子內的橡膠氣球膨脹，下方閥門開啟。

機器內約有100片板子呈手風琴狀排列，從兩側以油壓施加壓力，確實榨出酒液。

認識日本酒的釀造 6 火入其一

純　妳有喝過低溫殺菌的鮮奶嗎？一般鮮奶都是120～130℃，二～三秒的高溫殺菌處理；而低溫殺菌的牛乳，則是以62～65℃的低溫殺菌約三十分鐘（也有的是72～75℃，加熱十五秒），也叫作巴斯德消毒法牛乳。這種牛奶的蛋白質較不會變性，風味佳又可口，價格也稍貴一些。

米　自然食品店有賣！喝起來十分香濃美味。

純　這種低溫殺菌的技術，是法國的化學家巴斯德在距今一百五十年前，為了葡萄酒發明的。不過，日本酒也有和牛奶類似的**低溫殺菌技術**，叫作「火入」，而且在室町時代就已經發明了。當時的文獻《御酒之日記》中也有提到。這比巴斯德的發明還早了五百年，並且成功應用在釀酒上。

米　那麼久以前就領先近代的法國，發明這種技術了啊！當時的日本已經有溫度計了嗎？

純　據說當時的人就用自己的中指當溫度計唷。將中指的第一指節插入加熱的酒中，如果能耐得了熱，寫出完整的「の」字，就代表溫度在62～65℃。

米　雖然說憑藉的是職人長年累積的經驗，但這種方法還真是驚人啊。

純　**62～65℃**正是完美的溫度！在釀酒時起到作用的酵母菌、麴的酵素會失去活性，停止運作。過去的人有辦法發現這個溫度能讓發酵就此打住，實在令人佩服。而且酒的味道不會受影響，品質更加穩定、適於保存。火入同時還能殺死日本酒的天敵——會造成酒變質的「火落菌」，可說是一石三鳥。如果加熱到更高的溫度，不但影響風味，酒精也會揮發掉，酒就這樣變少了。

米　巴斯德是憑藉顯微鏡等工具發明出低溫殺菌的，但日本的藏人在五百多年前就已經知道這項技術了！真是了不起！這可說是對釀酒付出了極大心血，積極進取、勇於不斷挑戰所得到的回報吧。

純　**火入有兩種方法，分別是「蛇管火入」與「瓶火入」**。蛇管火入也叫作「槽貯藏用火入」。蛇管火入是在春、秋各加熱一次，瓶火入則只在裝瓶時加熱一次。若想呈現經過熟成的溫順滋味，會採用蛇管火入；著重清新口感的酒則多為瓶火入。即便以65℃低溫殺菌，如果殺菌時間太長，還是會使酒走味。瓶火入具有可以較蛇管火入更急速冷卻的優點。

室町時代就已發明出低溫殺菌技術

這項從室町時代一代一代傳承下來的技術，藉由巧妙的溫度控制進行殺菌，不僅不會使酒變質，還能抑制酵母的活動，令發酵停止。

低溫殺菌

鮮奶常見的低溫殺菌手法，在日本酒的世界遠從650年前起，就已是極為普遍的技術。

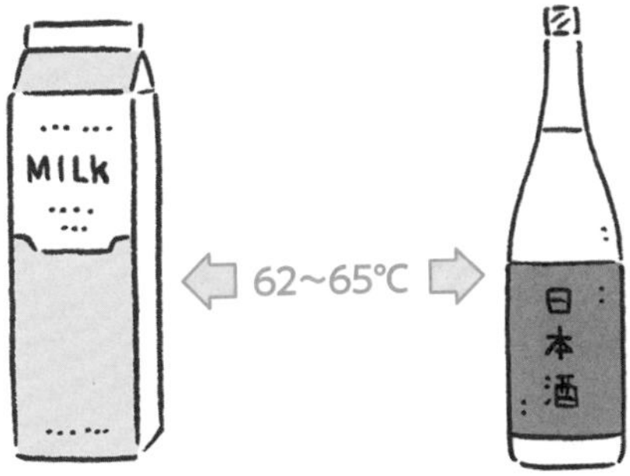

蛇管火入

圓筒形的容器內裝設了名為蛇管的螺旋狀管線。圓筒容器內裝水並燒開，讓生酒流過管線，加熱至62～65℃。近來也有愈來愈多採用加熱板＋熱交換器進行火入的方法。

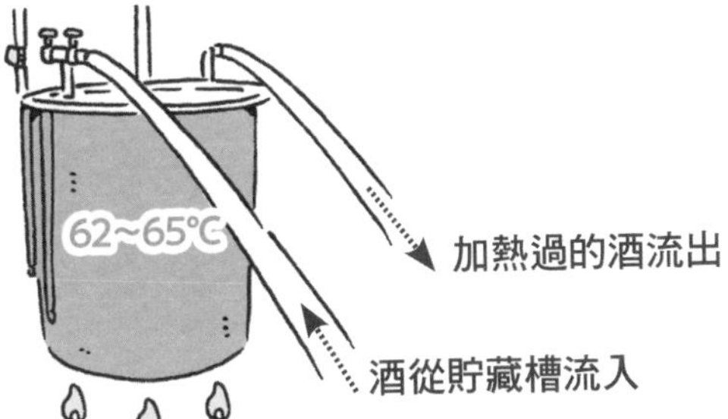

瓶火入

稍微轉開瓶蓋，將酒瓶浸入熱水中，加熱至內部溫度達62～65℃。之後重新拴緊瓶蓋，依序用溫水、冷水、冰水階段性冷卻。最新的自動瓶火入機，會在拴上瓶蓋後，以熱、冷水澆淋，急速進行火入與冷卻。

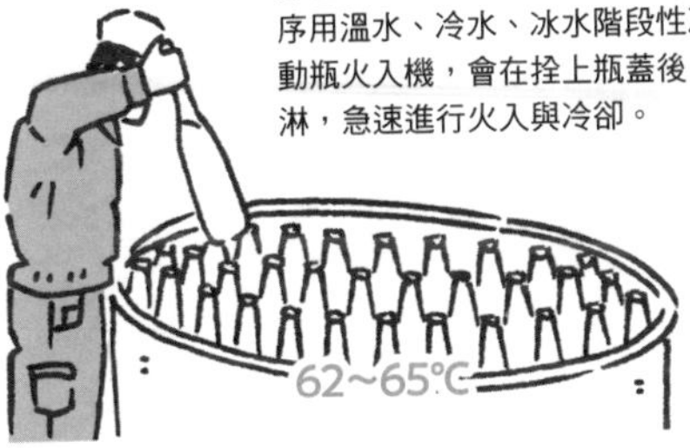

認識日本酒的釀造 6 火入其二

米「生酒」是指榨好之後完全沒經過火入的酒嗎？

純 生酒也叫作「生生」，賣點就是新鮮！因為完全沒有進行加熱殺菌處理，酵母及其他的菌是活的，麴的酵素也還有活性，因此有容易走味、變質的缺點。生酒在釀好之後就要立即裝瓶、冷藏，運送也是透過冷藏物流。不論在店面或家裡，都必須冷藏保存。在沒有冷藏宅配服務的時代，生酒拿到市面上賣根本是不可能的事，只有在嚴寒時期的酒藏喝得到。不過近來已經一整年都買得到生酒了。

米 那生酒以外的酒，全都有火入處理過囉？

純 一般的日本酒在釀好之後，馬上就會進行加熱殺菌，然後貯藏於槽中，避免再繼續發酵。過了一個夏天，味道因熟成而變得更溫順時，會再進行一次火入，然後裝瓶出貨。日本酒經過時間的洗禮，口感更為圓潤柔和，喝起來紮實有勁。像這樣**進行了兩次火入的酒，即使放上一段時間也不易走味，熟成之後風味更佳**，也很適合熱成燗酒飲用。

米 經過兩次火入還能變得更好喝，日本酒真是堅強！

純 雖然一般都是兩次火入，不過也有酒只進行了一次火入，那就是「冷卸」與「生詰」。這兩種都是在釀好之後做火入處理，然後貯藏。出貨時不會進行第二次火入，直接把涼的酒送出去，因此叫「冷卸」。放過夏天的酒會特別稱為「秋上」，具有熟成之後的溫順滋味，是只有秋天喝得到的季節限定酒。由於未經過火入便裝瓶，別名「生詰」。另外，最近有愈來愈多**一次瓶火入酒。這種酒保留了新鮮風味，品質也穩定**。

米 真是不愛日本酒也難啊。

純 還有一種「生貯」也是名字裡有「生」的酒。這是在生的狀態下直接貯藏，所以叫「生貯」，但如果不進行火入就出貨，那就成了「生酒」。業界將貯藏的時候是生的，火入之後才出貨的這種酒稱為「生貯」。雖然有「生」這個字，但其實經過了一次火入。還真麻煩對吧？生貯的特色在於迷人的圓潤風味。希望妳也能體會日本酒在四季呈現的不同美味。春天有「生酒」，夏天是「生貯」，秋天喝「冷卸」，冬天當然是「二次火入酒的燗酒」！

米「春天生酒，夏天生貯，秋天冷卸，冬天燗酒」，我會記下來逐一嘗試的！

日本酒的「生」與「火入」的關係

生酒雖然能喝到清新的滋味，但缺點是容易變質。從藉由不同火入方式以追求生酒般的美味，也能看出酒藏的用心。

酒的名稱會隨火入時機的不同而改變

在裝入貯藏槽前就火入，或裝瓶前才火入，會使日本酒的味道產生細微的變化。

一般日本酒（於貯藏前與出貨前各進行一次火入的酒）

生酒（沒有進行任何火入處理，完全是生的酒（也稱作本生、生生））
生原酒（未經火入處理的生酒不加水，沒有調整酒精濃度的原酒。酒精濃度較高，約17～19%。近來也有15%左右的生原酒）

生貯藏酒（在生的狀態下貯藏，出貨前進行一次火入的酒）

生詰酒（貯藏前經過一次火入處理，出貨時不進行火入的酒。與「冷卸」相同）

火入的目的是消滅火落菌與令殘存的酵素失去活性。若火入的時機出錯，會產生所謂的生老香及雜味等，影響到酒的品質。體質敏感的吟釀酒必須在上槽後1週以內，於室溫5～7℃的環境進行火入。純米酒則得在上槽後2週以內進行，其他酒為上槽後3週以內，愈早愈好。參考／廣島縣食品工業技術中心網頁

現在正流行瓶火入？

瓶火入的酒是指生酒裝瓶後，連著瓶子進行火入的酒，兼具新鮮的口感與成熟穩重的滋味。許多人氣酒藏皆是採用這種瓶火入的方法。

酒糟是什麼東西？

純　跟妳講一個落語裡面的故事。從前有一個叫與太郎的人，個性十分迷糊。有一天，他吃了酒糟以後，臉變得紅通通的。為了讓自己顯得比較成熟，他決定謊稱自己是喝了酒。可是當別人問他「你喝了幾杯？」，他卻不小心回答「兩片」。人家問「你是喝燗酒還是喝涼的？」，他又說「烤的」。結果終於被揭穿「搞什麼啊……你只是吃酒糟吧……」。這個故事就叫《酒糟》。

米　酒不會是兩片，而且也不可能用烤的（笑）！我阿嬤以前有說過，「酒糟烤過以後再灑上砂糖很好吃喔」。

純　**酒糟是榨完酒後留下的固形物**，也被稱為「手握酒」。與太郎吃的那種叫作**「板粕」**，是**酒醪榨到變得硬梆梆所做成的酒糟**，完全呈現殘渣狀態。**其實酒糟有好幾種**，不過當然每種都是酒醪榨成的。

米　該不會是……榨的方式不一樣？

純　在槽裡面仔細榨出來的酒糟叫作**散粕（バラ粕）**，**裡面殘存了些許的酒，較為濕潤**，好入口，也方便使用於料理。四方形的則是壓榨機榨成的板粕。兩者都是酒醪剛榨完就製成的商品，顏色偏白、味道淡。

米　是超市常見的酒糟對吧？

純　酒藏將剛榨完的酒糟放入槽中，從上方踩踏以排出空氣，然後再熟成約1年，會變成外觀呈茶色，**黏稠狀的「踏粕（ふみ粕）」**。踏粕味道甘甜且帶有滿滿鮮味，可以醃醬菜或用來做菜喔。

米　啊！是那個用來醃奈良漬的咖啡色醃料吧？

純　沒錯，有機會不妨吃吃看，很有營養喔。由於有民眾反映酒糟太硬、不好用，因此現在也有了可以馬上用於料理的泥狀便利酒糟，像是「とろける酒粕・純米大吟釀」（大七酒造／福島縣）等。做菜或調飲料都很好用喔。

米　挑選好吃的酒糟有什麼絕竅嗎？

純　要選擇釀出美味好酒的酒藏！酒要好喝酒糟才會好吃！

米　所以首先要選擇有美酒的酒藏囉！

純　其實，榨酒醪時的**粕步合也是日本酒的重要指標**，杜氏在榨酒時是非常謹慎小心的。粕步合代表產生了多少比例的酒糟，不要把酒醪完全榨乾，留下大量酒糟，這樣的酒比較好喝，而且酒糟自然也會更美味（笑）！

米　酒糟會更好吃，不過成本也變貴了對吧？

純　不計較成本榨的酒糟還是美味多了。出產美酒的酒藏也會講究粕步合。

不同形態的酒糟源自榨酒方式的差異

酒糟其實有各式各樣的外觀與特性，
視用途及需求選用不同酒糟，更能品嘗到其中美味。

板粕

使用壓榨機會確實榨出酒的液體成分，留下堅硬的板狀幾糟。

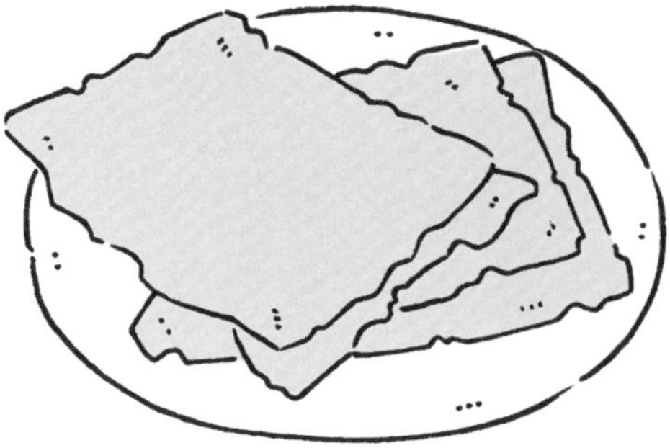

散粕

槽榨所得到的酒糟，還殘留了許些的酒，較板粕柔軟、好溶解。

踏粕

剛榨出來的酒糟放入槽中用腳踩踏以擠出空氣，並熟成約1年製作而成。踏粕柔軟且更具風味與鮮味，適合醃漬醬菜等。

酒糟與甘酒有何不同？

純　妳知道有一種酒叫作**「一夜酒」**嗎？

米　一夜酒？沒聽過耶。

純　就是**用麴做的甘酒**。料混好後只要一晚就能做成，所以叫「一夜酒」。甘酒的歷史其實相當久了，以前的人就有在喝。《萬葉集》中，山上憶良的和歌便曾提到！

米　從七世紀那麼久以前就開始喝甘酒了啊！

純　在奈良時代，甘酒是象徵冬天的詞彙。當時的人會用熱水稀釋酒糟來喝，藉此取暖。到了江戶時代，甘酒則變成了代表夏天的用語。在《守貞謾稿》這本描述江戶風土民情的書中，也介紹了賣甘酒的小販。這些小販會把黃銅鍋放在圓形竹簍上，在夏天兜售甘酒。

米　感覺還滿時髦的耶。不過，為什麼會突然流行在夏天喝甘酒呢？

純　據說夏天在江戶時代是一年之中死亡率最高的時期。原因包括了天氣炎熱導致體力衰退，以及食物中毒、傳染病流行等。這時候就該甘酒上場了！甘酒可是含有高濃度葡萄糖、必須胺基酸、維他命B群等各種養分的營養飲料。有人將甘酒稱為「喝的點滴」，實際上，甘酒的成分還真的與點滴頗為相似。江戶時代的人應該是根據經驗的累積，知道甘酒有益身體的吧。甘酒具有滋養強身、防止中暑、消暑等作用，因此在夏天大為風行，甚至成了代表性的季節用語。

米　那「濁酒」是甘酒的別名嗎？看起來也是白白稠稠的，很像耶。

純　一般而言，甘酒是無酒精飲料，濁酒則是酒。甘酒是藉由麴的酵素將米的澱粉轉為甜味，江戶時代喝的甘酒就屬於這一種。濁酒則是甘酒的甜味，經過酵母的酒精發酵釀成的酒。看起來雖然相似，但一個是酒，一個沒有酒精。濁酒是因為酵母的作用釀出來的，是如假包換的酒喔，酒！甘酒可以給小朋友喝，不過濁酒可就不行了。

純　麻煩的是，其實**甘酒有兩種做法**，分別是**「麴甘酒」與「酒糟甘酒」**。「麴甘酒」是完全無酒精的，但「酒糟甘酒」是酒糟溶在熱水中做成的，所以會有酒糟的酒精。不過未滿1％的話，還是算無酒精飲料就是了……。

米　給小朋友喝的是麴甘酒對吧？

純　近來市面上也有酒藏推出的麴甘酒。由於具備釀酒所需的高超製麴技術，因此只要是酒藏做的麴甘酒都很好喝！

甘酒其實有兩種

酒糟做成的「酒糟甘酒」含有酒精，藉由麴使米發酵製成的「麴甘酒」是小朋友也能喝的無酒精飲料。

麴甘酒與酒糟甘酒的不同

以麴製成的甘酒

不會進行酒精發酵。

米 ＋ 米麴

（有的只有米麴）

糖化

↓

麴甘酒

〇無酒精

〇自然的甜味

以酒糟製成的甘酒

使用釀造日本酒產生的酒糟製成。

米 ＋ 米麴 ＋ 酵母

並行複發酵

↓

酒醪

榨酒

液體 → 酒

固體 → 酒糟

加入水與砂糖 ➡ ↓

酒糟甘酒

〇含酒精

〇砂糖的甜味

一夜酒

一夜酒是江戶時代很受歡迎的甘酒，街上還會有賣甘酒的小販。

米麴製的甘酒只要一晚就能做好，所以也叫作「一夜酒」。

酒糟可以如何使用？

特別對談
「天の戸」的杜氏森谷康市親自傳授酒糟食譜！

純　歡迎酒糟料理的專家——「天の戸」（淺舞酒造／秋田縣）的森谷杜氏！去酒藏參觀的時候，最令我驚訝的，就是杜氏使用酒糟的技巧！我想請教森谷杜氏，簡單來說，酒糟的優點是什麼？

森谷　酒糟含有豐富胺基酸及維他命B群，甚至是食物纖維，堪稱**營養與鮮味的寶庫！希望大家做菜時多加利用**。日文一般把酒糟寫作「酒粕」，不過酒藏都是寫成發音相同的「酒香壽」。酒糟是榨取鮮美酒液時分離出來的固形物，而且過去是使用「槽」這種器具榨酒，無法完全榨乾，因此會殘留鮮味。有人以為酒糟全都是一個樣，但其實並非如此。比起剛榨完酒立刻做成的酒糟，酒藏賣得更多的是經過熟成後，變得柔軟且更有鮮味的酒糟。

純　酒糟在熟成之後，會增加鮮味與甜味，變得更軟、更好使用。我想到的用途有甘酒、酒糟湯、西京漬，而森谷杜氏則把酒糟當成調味料般使用，美味到讓人嚇一跳。尤其是醃豆腐！吃起來像藍紋起司般香醇，請教我怎麼做！

森谷　是因為**醃料**好。只要有這種醃料，做什麼都沒問題，甚至可以直接當下酒菜（笑），加山葵或日式黃芥末增加辣味也是一絕。這種醃料還可以用來拌燙青菜或燙鴻喜菇。酒糟溫順的醇味配上辛辣滋味，下酒實在對味。

純　會讓人停不下來對吧！醃料中加入日式黃芥末，再與切細的醃漬煙燻白蘿蔔拌在一起，吃起來也有獨特的溫順滋味，燗酒會一杯接一杯（笑）。

森谷　任何食材加上了酒糟的甜味、鮮味與滑順口感，都會變好吃。而且酒糟還有另一種用法，那就是**酒糟味噌**！不論是用來淋、用來沾，怎麼用都行，加進燉煮料理也很美味。春天用酒糟味噌煮了根曲竹後，趁熱將鍋子裡剩下的湯汁淋到飯上，會讓人忍不住猛扒飯！

純　可以當下酒菜，也可以配飯，簡直無所不能呢。

森谷　除了可以用在烤魚、豆腐或蒟蒻田樂、味噌醬白蘿蔔，用熱水溶開，就成了酒糟湯。

純　哇，真方便！看來隨時準備好醃料和味噌準沒錯。

森谷　酒糟稍微帶有起司的風味，搭配任何料理都好用。我最近的熱門菜品，是用酒糟混合帶膜的鮭魚卵鋪在鱈寶上，不知道為什麼吃起來會有海膽的味道（笑）。

森谷杜氏親自傳授！用酒糟做出美味下酒菜

最強酒糟活用祕技首次公開，
讓你知道原來酒糟有這麼多用法。
搭配用上了酒糟的下酒菜，酒也變得更好喝了。

不管用來醃什麼都好吃！　酒糟醃料

● 食譜
熟成酒糟‥‥‥‥‥‥‥‥１００g
味噌‥‥‥‥‥‥‥‥‥‥４大匙
味醂‥‥‥‥‥‥‥‥‥‥２大匙
砂糖‥‥‥‥‥‥‥‥‥‥２大匙
只需全部混合即可

● 用途
・醃豆腐
・醃雞肉
・醃水煮蛋

用法千變萬化的酒糟味噌

● 食譜
味噌‥‥‥‥‥‥‥‥‥‥100g
味醂‥‥‥‥‥‥‥‥‥‥25㎖
砂糖‥‥‥‥‥‥‥‥‥‥30g
依個人喜好加入柚子胡椒
只需全部混合即可

● 用途
・燉煮料理
・烤魚
・豆腐
・蒟蒻田樂
・味噌醬白蘿蔔
・溶於熱水做成酒糟湯

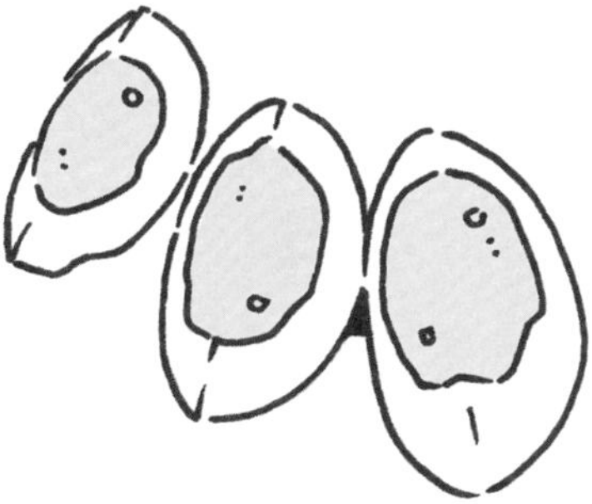

酒糟味噌醃水煮蛋

用酒糟醃料醃蛋黃未完全凝固的半熟蛋5～7天，蛋黃會變紅、變硬，吃起來極為美味！

酒糟味噌醃雞肉

雞胸肉以酒糟醃料醃3～7天。用微波爐稍微加熱後，在烤爐上烤到單面出現焦痕，要小心別烤過頭了。烤之前可先將酒糟擦掉，不過留點酒糟烤至微焦更為美味。

鱈寶酒糟鮭魚卵

酒糟醃料拌入帶膜的鮭魚卵抹在雪寶上，吃起來帶有海膽風味。

釀造酒與蒸餾酒有何不同？

純　用米釀成的酒種類其實不少唷，像日本酒、米燒酎、泡盛、粕取燒酎，還有味醂。在這些酒之中，**日本酒屬於釀造酒，米燒酎及泡盛是蒸餾酒，味醂是蒸餾酒釀造而成的，被稱為混成酒**。

米　釀造酒和蒸餾酒有什麼不一樣呢？

純　糖質發酵所釀成的酒為釀造酒，釀造酒經過蒸餾，提升酒精濃度製成的酒是蒸餾酒。原料同樣是米，日本酒是釀造酒，米燒酎則屬於蒸餾酒。以葡萄製成的**葡萄酒是釀造酒，白蘭地則為蒸餾酒**。

米　所以蒸餾酒是先釀出釀造酒之後再加工而成的囉？

純　蒸餾酒是以釀造的方式製造出酒精，然後藉由蒸餾技術濃縮酒精。

米　以前愛喝酒的人，喝酒精濃度低的酒應該會覺得不過癮吧，然後就愈喝愈烈、愈喝愈烈。想必是為了追求更強烈的滋味，所以想出了蒸餾的點子。

純　愛喝酒的人發現了酒在蒸餾之後會變得更烈，想必一定很開心！

米　酒加熱產生的蒸氣在冷卻之後又會變回酒，蒸餾的原理就是這樣對吧？不過，酒精濃度為什麼會變高呢？

純　日本酒有八成以上是水，妳也知道，水加熱到100℃會沸騰，這叫作沸點。酒精的沸點大約是78℃，比水低，所以熱日本酒的時候，酒精會先沸騰，從酒精開始蒸發。因此，若冷卻這些蒸氣，酒精濃度會比原本的日本酒高，這就是燒酎！

米　所以就算想喝78℃以上的熱燗，也不可能喝得到囉？

純　米燒酎是將日本酒熱到超過飛切燗的溫度，收集其蒸氣製成的。日本酒的酒精濃度最高頂多20％，米燒酎可以到25％以上。粕取燒酎則是蒸餾日本酒的酒糟，將其中的酒精製成燒酎。

米　這可以說是基於「惜物愛物」的想法產生的燒酎吧。

純　大概是覺得酒糟不重複利用的話，未免太過浪費。另外，古早時候的純正味醂，是只用米燒酎、米麴、糯米製成的，直接喝也很好喝。聽說在江戶時代可是甘口的高級酒喔。只當作調味料來用才真的是浪費呢。

米　直接吃也好吃的東西，才叫作真正的調味料吧。

純　「本釀造」原本應該是指使用貨真價實的原料釀造，但很遺憾，日本酒也沒有做到。本釀造酒的原料中含有「釀造酒精」，而釀造酒精則是蒸餾酒。

米　我總算稍微搞懂釀造酒與蒸餾酒的差別了。不過，釀造酒精和蒸餾酒之間的關係又是怎樣呢？

純　釀造酒精是廢糖蜜等原料發酵、蒸餾而成，純度90％以上的高濃度蒸餾酒。這種酒叫作甲類燒酎，可用於燒酎調酒的基酒，或製作梅酒等果實酒。而廢糖蜜則是製糖後剩餘的甘蔗渣，也是蘭姆酒的原料，產地幾乎都是巴西。

米　日本酒被稱為「國酒」，裡面卻加了巴西來的甘蔗渣，這實在是……。

純　也有極少數的酒藏，加的是米燒酎。日本在戰前原本只有純米酒，是在戰時至戰後期間，為了使酒不會在滿州結凍、糧食不足等因素，迫於當時環境才開始添加酒精的。而當時的做法就一直沿用到了現在。

米　明明現在都在說稻米過剩的呀……我看一定是甘蔗渣做出來的蒸餾酒比較便宜的關係吧。

純　也是有酒藏為了帶出香氣，會在大吟釀等酒中添加酒精。

米　剛剛聽妳說日本酒是釀造酒，看來只有純米酒才算是純粹的釀造酒吧。

蒸餾裝置的構造

在蒸餾器中加熱原液，收集氣化的蒸氣並冷卻，這樣所得到的酒，酒精濃度會較原本的酒更高。

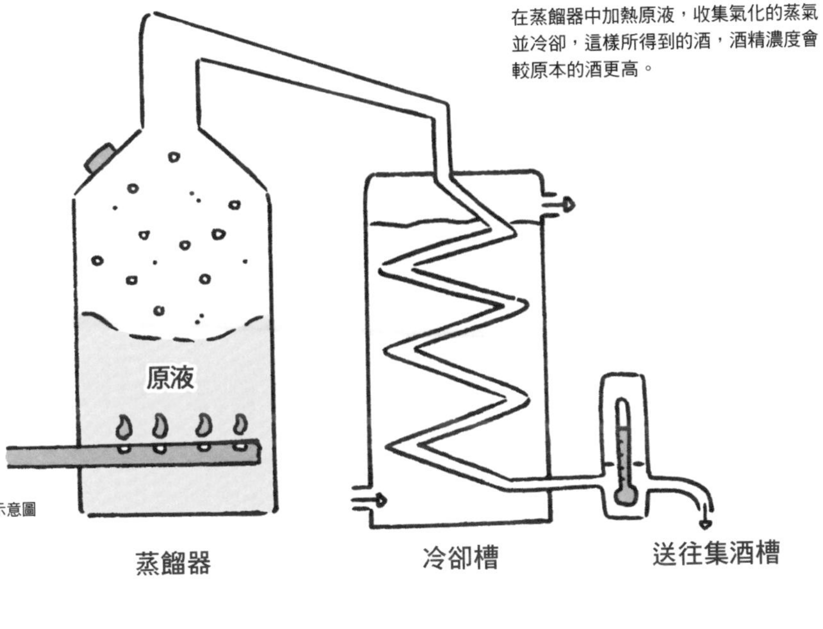

※示意圖

酒藏內有哪些工作人員？

純　杜氏是受酒藏主人委託，率領職人團隊從事釀造工作的領袖。除了負責人事運作，組織菁英團隊；也得擔任製造負責人，於第一線進行指揮，可說是總司令！聽說夏天時還要像球探一樣，在地方上延攬優秀的年輕人進入釀酒團隊，志願加入的人似乎也很多呢。

米　那工作內容是怎麼劃分的呢？

純　一個釀酒團隊大約由十人組成，首先是負責輔佐杜氏，相當於副杜氏的職務，叫作**頭**。如同字面上的意思，這個人就是第一線工作人員的頭！負責製麴的叫作**麴屋**（又名**代師**），而負責培育酒母的則稱為**酛屋**。有一句話叫「**一麴，二酛，三釀造**」，用來表示釀酒最重要的三道工序。製麴與培育酒母的製酛，是攸關日本酒成敗的重要作業，因此麴屋、酛屋與頭合稱「**三役**」，是僅次於杜氏最大的三個人！

米　最大的三個人！用相撲來比喻的話，大概是小結、關脇、大關吧。

純　相當於相撲力士的前頭這個階級的，則是負責洗米、蒸米的**釜屋**、榨酒醪的**船頭**。

米　妳有說過，因為槽與船同音，所以叫船頭對吧。

純　處理所有雜事、瑣碎工作的**追迴**，以及負責伙食的**飯屋**，可以想成相撲力士的十兩階級。新人都是先從飯屋做起，然後一步一步往上爬，在所有職位歷練過之後，才升上杜氏的位置。不過，某些杜氏會自己帶專門負責烹調員工伙食的女性到酒藏；也有酒藏會幫忙張羅伙食，因此沒有「飯屋」，視地方和流派會有各種不同做法。不過，近來的趨勢是，酒藏的每個人都要參與所有工序，以求更快學會酒藏的工作。不要求員工留下來過夜，採通勤制的酒藏也愈來愈多，還有酒藏會安排定期休假。

米　藏人對每個環節都了解的話，不但能釀出好酒，也可以幫忙代理別人的工作。

純　沒錯，培養能與所有人一同分享、學習全部工序的專家，這種釀酒思維有成為主流的趨勢。另外，也有酒藏一改過去只在冬天雇人、釀酒的做法，雇用期間涵蓋全年，一年四季都進行釀酒。而只在冬季釀酒的酒藏，為了在其他季節也有工作可做，有的酒藏投入生產梅酒等果實酒，以及奈良漬、鹽麴等食品；有的酒藏則農業法人化，從事酒米耕種。相較於過去，釀酒的第一線有了明顯的變化。

相撲力士的階級與藏人的職位高低

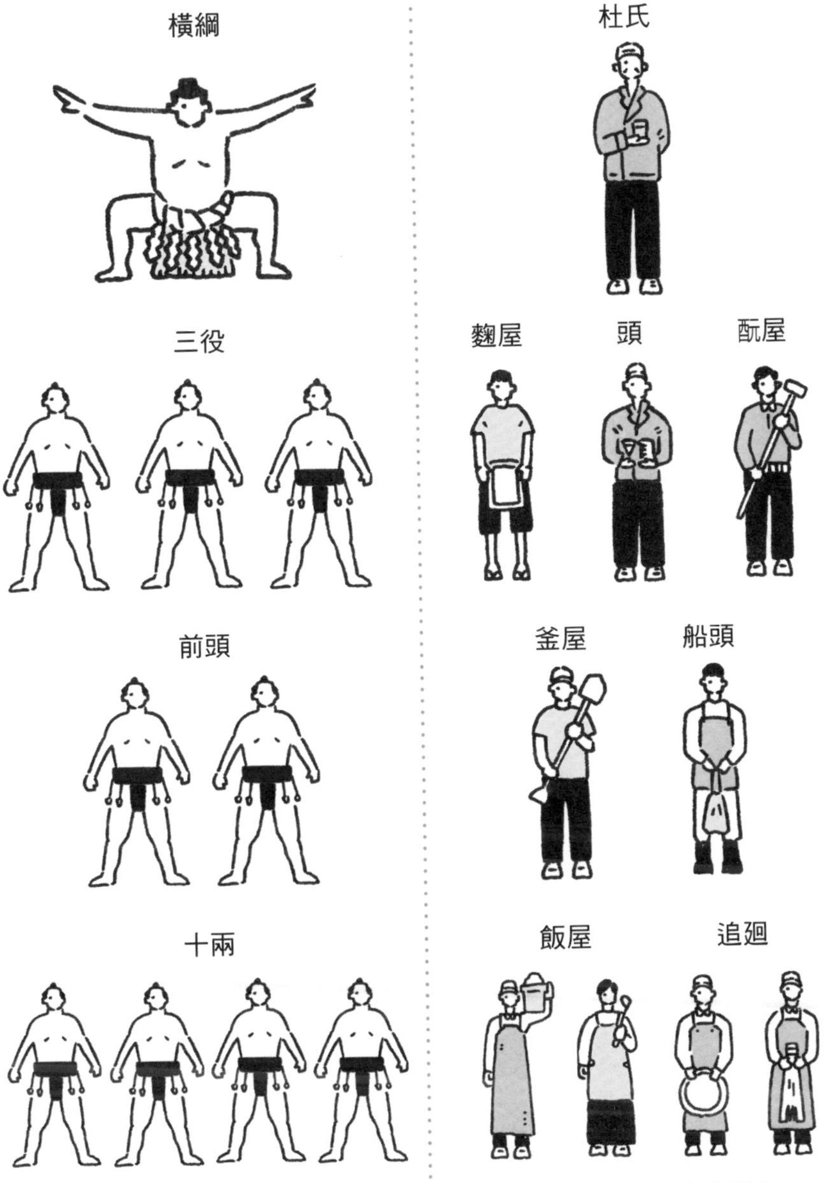

※職務名稱會隨杜氏的出身、流派而異。

杜氏是做什麼的？

純　杜氏這個稱呼，源自對老年女性的尊稱**「刀自」**，說明了女性過去參與釀酒的歷史。現在的杜氏，指的是**釀酒職人團隊的最高位階**，也就是率領、指揮藏人，處理各種細膩作業進行釀酒的人。

米　就像樂團的指揮、球隊教練，或是餐廳主廚那樣嗎？

純　而且，必須是**具備高超釀酒技術與準確判斷力，人品高尚、能整合團隊的人**才能勝任。目前日本全國登錄在案的杜氏約七百人，並不算多。

米　大概和國會議員人數差不多。怎樣的人可以當杜氏呢？

純　每個地方的杜氏有各自的流派，最具代表性的有岩手縣的南部流、新潟縣的越後流等。每個流派都會有考試，通過的話就能使用杜氏這個名號。國家考試中有一項證照名為一級酒造技能士，絕大多數的杜氏都有取得。不過也是有不屬於任何流派、沒有證照，自稱為杜氏的人啦……。

米　想在釀酒這一行往上爬的話，還是得要念書考試呀。

純　日本的釀酒歷史相當悠久，據說最早的杜氏是第十代天皇，崇神天皇任命的高橋活日命。這是距今約兩千年前的神話時代的故事了。高橋活日命也被視為杜氏之神，供奉在大神神社內的「活日神社」。現存的杜氏流派，最早可以追溯到江戶時代中期，約有三百年歷史。

米　中間有一千七百年的空白耶。那在這段時間裡，不靠杜氏要怎麼釀酒呢？

純　在室町時代有辦法做出大木桶之前，只能少量地釀酒，所以酒的品質完全取決於個人能力！據說擁有深厚學養的和尚，不斷精進技術釀出來的酒就深受好評。當木桶普及之後，便能夠大量釀酒，而且還可以運送！於是釀酒變成了集體作業，開始有所謂的「寒造」（也就是寒仕込，寒冬時期進行的釀酒作業），發展出冬季離鄉謀生者集體釀酒的形式。

米　如此一來，就需要負責整合眾人的領袖，也就是杜氏囉。

純　江戶時代後期釀酒技術最先進的地方是兵庫縣的灘，丹波杜氏被譽為最優秀的技術團隊。不過，這有一部分要歸功於得天獨厚的釀酒水——水質稍微偏硬的「宮水」，以軟水釀酒的話發揮不出丹波杜氏的功力。相對地，岩手縣的南部杜氏則走遍日本的各個角落釀酒，提升了一般通用的釀酒技術。**現今的三大杜氏勢力分別為南部杜氏、越後杜氏、丹波杜氏**。

全國杜氏地圖

日本酒自古以來便是使用每個地方的在地水、在地米釀造，
各地也發展出了獨自的釀酒方式，並形成杜氏集團。

日本三大杜氏

- 南部杜氏　據說發源於岩手縣石鳥谷町，是目前日本最大的杜氏集團。
- 越後杜氏　以新潟縣三島郡寺泊野積最出名。
- 丹波杜氏　幾乎全由兵庫縣篠山市出身的人組成。

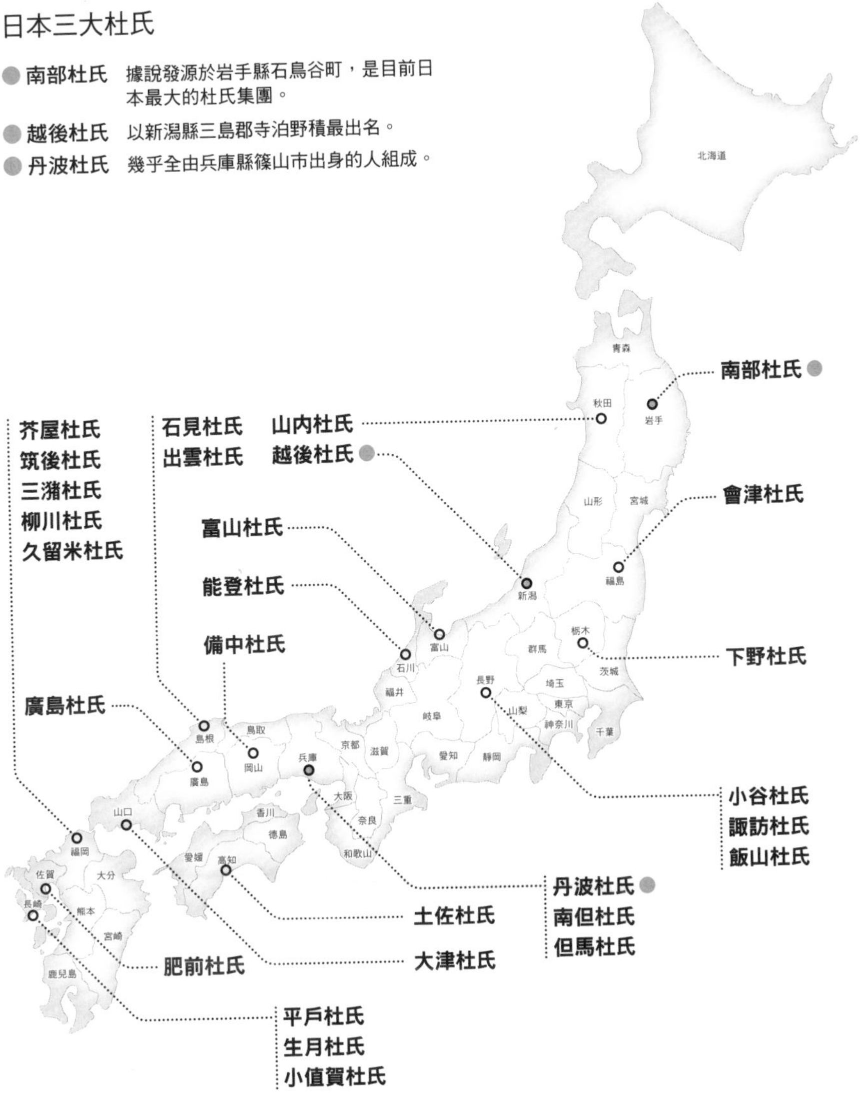

酒藏裡面是什麼樣子？

純　妳想像得到酒藏裡面是什麼樣子嗎？

米　完全不知道！大概到處都是鍋子、大槽吧？

純　**酒藏裡隔成了許多房間，以便每道工序進行作業**。我以秋田縣的齋彌酒造店為例來說明。這裡利用了地勢的高低差，採一直線而有效率的空間配置，別名「登藏」。

米　「登藏」，那應該類似製作陶器的登窯囉？

純　據說是農業大學的釀造學教授命名的。酒藏裡面分成了七個房間，由上往下依序是**精米所、洗米場、蒸米場、麴室、酒母室、釀造藏以及槽場**。糙米會用卡車運送至位在酒藏後方最高處的精米所，精米機是比人還高的大型機械喔。

米　糙米會在這裡變成白米對吧？

純　精米好的酒米，會搬運至下方的洗米場。由於是往下移動，因此省時省力多了。為方便大量的水在洗米的地方流動，地板為光滑的混凝土材質，使水流順暢無阻。洗米作業會使用名為洗米機的機器，或是用竹篩手洗。

米　在寒冷的時候用手洗那麼多米，感覺手會裂開耶。

純　確實如此。然後，洗好的米會送至蒸米場蒸熟。蒸米場設置了甑或蒸米機等用來將米蒸熟的器具。

米　想必不可能是用超大的電子鍋來煮吧？

純　接著來到麴室。這裡可說是一間酒藏的心臟，也是非常敏感而神聖的地方。為了衛生與保溫，麴室特別設計為密閉空間，沒有窗戶、天花板低，門也做得特別厚。進入麴室前，手得用肥皂與酒精仔細清洗，頭也要戴上帽子或用手巾包住，整理好服裝儀容。

米　麴菌就是在這個祕密的小房間長大的吧。

純　酒母室裡擺了高度及胸的槽，酒母也很怕受到汙染，因此維持清潔是第一要務。此外還設置了調整溫度用的空調。

米　最重要的就是清潔、清潔，還有清潔，對吧？

純　釀造藏裡排放著許多發酵槽，這些槽十分巨大，比人還高。釀造藏內空間寬敞，地板鋪設在槽口的高度。地板上看起來好像到處都有大洞，走近看會發現，下面便是裝了酒醪的發酵槽。槽場則有藪田及槽等榨酒器具。

米　是因為榨酒機稱作槽，所以叫槽場嗎？這裡等於是出貨前的最後一站吧。

純　**酒藏基本上是由這七個地方構成的**。精米委外處理的酒藏，則不會有精米所。另外還會有分析室、裝瓶產線、水井、休息室、廚房、倉庫、辦公室等區域。

酒藏的內部設計以方便作業為優先

由於麴和酵母十分敏感，因此酒藏的每個角落都要保持清潔，空間配置也極有效率，省去了多餘無用的動線。

從側面看齋彌酒造店的「登藏」

釀造「雪の茅舍」的齋彌酒造店（秋田縣）利用了山坡的傾斜地勢，將酒藏內進行各工序的區域設計成直線排列。米先運至最高處精米，接著依序進行蒸米、製麴、釀造、榨酒、貯藏、裝瓶等工序，並逐步往下移動，設計上充分考量了效率。絕大多數的酒藏都是建於平地，像這樣的酒藏十分罕見。

麻雀雖小，五臟俱全的秋田釀造

釀造「ゆきの美人」的秋田釀造（秋田縣），酒藏內空調設備完善，一年四季都能釀酒。精米是委外處理，因此沒有精米所。進行洗米、蒸米、製麴、製酒母、酒醪、裝瓶、火入等各工序的空間彼此相鄰。由於所有區域緊密集中在一起，得以發揮空調效能，盛夏時節也能釀酒。酒藏不分季節，一整年都有在運作，夏天也會推出新酒上市。

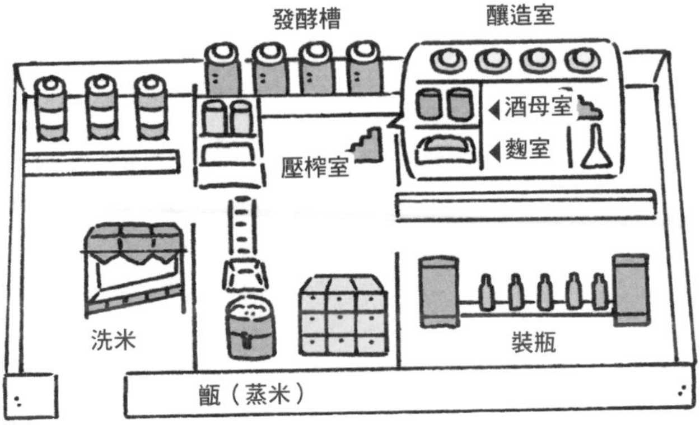

※示意圖

釀酒的地方真的禁止女性進入嗎？

米　妳有提到，杜氏原本寫作「刀自」，過去是由女性釀酒的……可是有件事很奇怪，就是酒藏過去是禁止女性進入的不是嗎？

純　禁止女性進入並不是遠古就有的習俗喔，大概是從江戶時代開始的吧。**日本酒的起源之一是「口嚼酒」**，所謂的口嚼酒，是年輕的巫女咀嚼了米之後，吐進壺中釀造而成的。這是藉由唾液裡的酵素——澱粉酶進行糖化。所以，很久很久以前，釀酒這項工作是由神聖的女性負責的！平安時代在宮中釀酒的「造酒司」，也留下了描述女性工作的歌曲喔。宮廷御神樂的其中一首神樂歌「酒殿歌」內容是這樣的：

「酒藏明明這麼大，請不要突然從酒甕上伸手過來，握住我的手」

從這首歌可以看出，當時的男女還是和樂融融地一同在酒藏釀酒的。

米　什麼！一面釀酒，一面在酒藏裡聯誼嗎？平安時代的男女還真前衛啊！

純　不過，奈良的菩提山正曆寺之類，學問僧研究釀酒的地方，似乎是禁止女性進入的。因為會妨礙到修行。寺廟是修行的地方，所以還說得過去，可是城鎮裡的酒藏應該沒有理由禁止女性進入。在發展出寒造，杜氏與藏人以集體作業方式釀酒之後，不知不覺間便有了女性禁入的規矩。

米　會不會因為酒藏裡全都是離鄉打拚的年輕男性，而且一工作起來就得持續半年以上，怕有女性在會造成他們心神不寧，在釀酒時出錯呢？

純　女性因為有生理期，所以是不潔的；或女性體溫較高，會使得酒的品質變差之類，現在看來毫無根據的迷信似乎也是主因。

米　這就像現在可能會有年輕女生說，「給歐吉桑釀酒的話，酒裡會有他們的加齡臭！」一樣帶有偏見，聽起來實在沒什麼水準啊。

純　釀酒的容器在室町時代從甕變成了木桶，原本只能少量釀造的酒得以大批生產，使釀酒變成了勞力工作，這或許也是釀酒以男性為主的原因之一。不過，單憑這樣就跳躍到禁止女性進入的結論，實在令人無法釋懷啊。

米　沒錯！明明原本是神聖的女性負責的工作！

口嚼酒

酒原本是獻給神的祭品，
而非供一般民眾享受的飲料，
因此進行「口嚼」作業的僅限於巫女。
換句話說，最早負責釀酒的，其實是女性。

米飯

釀酒的第一步是將米的澱粉糖化。唾液中也有米麴所含有的糖化酵素「澱粉酶」。

咀嚼

仔細咀嚼米飯會吃到甜味，便是因為澱粉酶的關係。這一步是將蒸熟的米飯含在口中仔細咀嚼，與唾液混合。

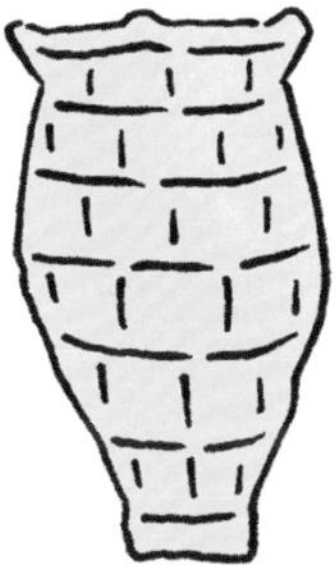

糖化

口中的米飯與煮熟的米一同裝入壺中。唾液中的澱粉酶在壺中會使米的澱粉糖化，其作用基本上與米麴的酵素相同。

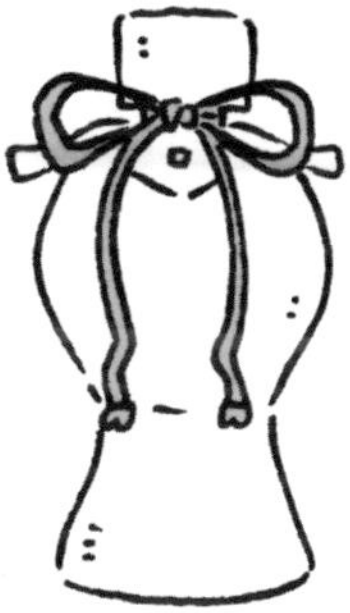

發酵

將已經糖化的米飯放著，會吸引自然界中喜愛甘甜物質的酵母前來。糖化的米飯中有葡萄糖，經過酵母的酒精發酵，就變成了酒。

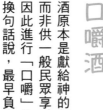

女性禁入的另一種解釋？

純　我曾經聽靜岡縣青島酒造的青島孝先生說過，他的母親一直有在幫忙釀酒，從小就是看著媽媽肩上擔著30公斤的米袋，與杜氏等人一同在酒藏裡工作長大的。所以我想，應該有不少酒藏是有女性在幫忙的。全家人一同從事釀造的酒藏，不可能會有女性禁止進入的規矩。

米　好像女子摔角選手一樣，力氣比男生還大呢。如果要以有沒有力氣來分的話，草食系的男生才應該被禁止吧！

純　最近我聽到秋田縣新政酒造的古關弘先生提出了一種新解釋，實在太有道理了，讓我有種恍然大悟的感覺！

米　咦？新解釋？有道理？

純　他認為，過去女性在家裡，都會用米糠之類的東西來醃醬菜，所以手上帶有細菌。她們手上的細菌會對釀酒帶來不好的影響，或許是因為這樣才禁止女性進入的。我調查之後發現，用米糠醃漬的醬菜確實是從江戶時代初期出現的。這是在平民開始吃精米過的白米之後的事。

米　我還以為用米糠醃醬菜的歷史已經很久了，原來不是啊？

純　因為精米產生了米糠，所以才衍生出用米糠醃漬的醬菜。這和釀酒開始禁止女性參與的時期不謀而合。或許因為肉眼看不見醬菜上面的細菌，當時的人也不知道有微生物這種東西，只曉得一旦有女性一起釀酒，不知為何酒就會變質、變臭，於是從經驗上判斷應該禁止女性進入酒藏，並不是歧視女性。

米　不是禁止女性進入，是禁止醬菜上的細菌進入。

純　其實釀酒的人，是連納豆、橘子也不吃的。**肉眼看不到的細菌一旦汙染了酒，後果不堪設想**！要去參觀酒藏的話，早餐也不可以吃納豆或橘子。

米　原來如此，參觀酒藏前不能吃這些東西啊。

純　是的，請記得遵守。話說回來，現在時代已經不一樣了，全國各個地方的酒藏，都能看見女性活躍的身影。東京農業大學釀造科學系畢業後進入酒藏工作的女性、從其他領域轉職的女性、與業界人士結婚後投入這一行等等，**女性杜氏與藏人愈來愈多**，可說是日本酒的女力時代！

米　不過，釀酒又冷、又需要體力，很辛苦吧。

純　值得慶幸的是，現在許多工作可由機器代勞，因此不像過去那樣要用到那麼多勞力，這樣也更有機會展現專注於細節、作業的細膩度、強韌的毅力等女性的特長。這就像是回歸到平安時代傳統的釀酒方式。女性禁入的觀念早就落伍了，現在可是少了女性就釀不出酒的時代囉！

活躍於日本各地的女性杜氏

雖然杜氏的整體數量有逐年減少的趨勢，不過女性杜氏則一點一點在增加，而且還打造出了過去所沒有的特色日本酒，讓人更加期待她們的出色表現。

千野麻里子 杜氏
「幻舞」
酒千藏野／長野縣

向井久仁子 杜氏
「京の春」
向井酒造／京都府

辻麻衣子 杜氏
「御前酒」
辻本店／岡山縣

今田美穗 杜氏
「富久長」
今田酒造本店／廣島縣

寺田榮里子 副杜氏
「十旭日」
旭日酒造／島根

今村友香 第八代杜氏
（現為製造統籌負責人）
「若波」
若波酒造／福岡

橫澤裕子 杜氏
「月の輪」
月の輪酒造店／岩手

浦里美智子 杜氏
「結ゆい」
結城酒造／茨城

增井美和 杜氏
「出世城」
濱松酒造／靜岡縣

藤田晶子 杜氏
「車坂」
吉村秀雄商店／和歌山

森喜るみ子 前杜氏
「るみ子の酒」
森喜酒造場／三重

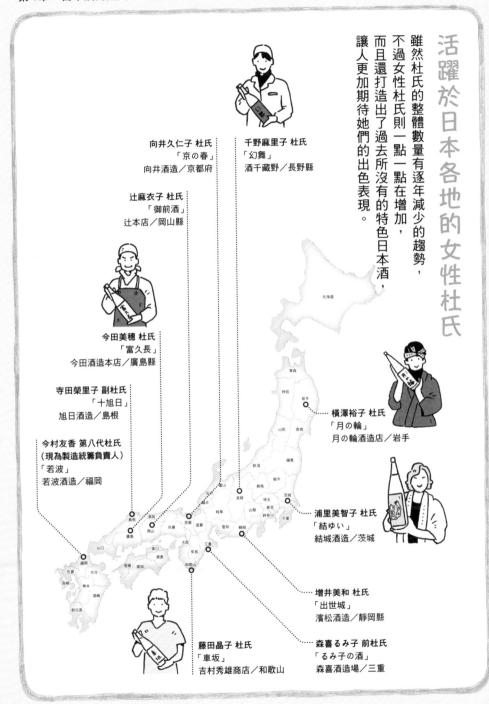

酒藏掛出來的「杉玉」有何含意

掛在酒藏門口的「杉玉」可不是巨大的毬藻，當酒藏換上新的杉玉，便代表「新酒釀好了唷」。新的杉玉青翠蒼鬱，不過從冬天經過春、夏，一路來到秋天，會逐漸變成咖啡色。就像清新的新酒過了一個夏天，在秋天蛻變成熟，杉玉外觀的改變，也代表了日本酒口味的變化。

杉玉發源自「三輪山」大神神社

大神神社據說是日本供奉釀酒之神的神社中，歷史最悠久的。酒藏的杉玉下面連著的木牌上如果有「三輪明神・志るしの杉玉」的字樣，便代表這是從奈良縣的大神神社求來的，日本全國的酒藏都看得到。

在古時候，「サケ」(sake，漢字寫為「酒」)是代表人喝的酒，獻給神靈的稱為「キ」（ｋｉ）或「ミワ」（ｍｉｗａ，與「三輪」同音）以做區別。日文中「御神酒」(omiki)的ｋｉ，便是由這個「キ」而來。由於「ミワ」代表獻給神的酒，因此三輪的枕詞（和歌的一種修辭手法）便是「うまさけ」（美酒之意）。大神神社的御神體為三輪山，所以神社內有殿，不過沒有本殿。而三輪山本身即為酒神，生長在山上的杉樹自然也是御神體的一部分，以三輪山的杉樹做成的杉玉，便等於神明的一部分。杉玉意味著將神明帶來酒藏供奉，可說是一種象徵神明祝福的標誌。

大神神社所供奉的大物主大神是釀酒之神，這裡的杉樹被視為神木，相傳有靈威寄宿其中，神社用地內還有供奉杜氏之祖——高橋活日命的小神社。大神神社拜殿與祈禱殿的大杉玉重達兩百公斤以上，會在每年十一月十四日酒祭的前一天更換。製作杉玉使用的是三輪山的杉樹。三輪山自古以來便被視為大物主大神坐鎮的神山，是民眾信仰的對象，《古事記》、《日本書紀》中記作御諸山、美和山、三諸岳。山上長滿了松、杉、檜等大樹，日本人相信這裡的一草一木皆有神明寄宿，對三輪山充滿敬意。《萬葉集》等許多歌集收錄的和歌都曾提到杉樹，三輪的神杉地位尤其神聖。以三輪山的杉葉製作的杉玉做為釀酒的標誌，酒藏門口掛出杉玉的習慣也一直延續到了今日。

或許是因為日文中有「酒為憂之玉箒」（典故出自中國宋代詩句「應呼釣詩鉤，亦號掃愁帚」）這句話，杉玉在古代也稱為「酒箒」，後來又有酒旗、酒林等稱呼。杉玉起初是將整把杉葉綁起來製作而成，外形有如日本傳統樂器——小鼓，到了江戶時代後期演變成圓球狀，才開始被叫作「杉玉」。就像酒在熟成之後，味道更加圓潤般，杉玉歷經時代變遷，形狀也更圓了。

第5章 日本酒主題之旅

實際造訪釀酒的世界　前進酒藏一探究竟！

酒藏是什麼樣的地方？是怎麼將米變成酒的？杜氏是做什麼的人？百聞不如一見，實際去釀酒的現場走一遭，絕對能親身感受到日本酒的深奧。日本從北到南約有一千五百間酒藏，每間酒藏都有其獨特的釀酒風格，因此有「酒屋萬流」這句話。而建築也從歷史悠久的土藏造樣式，到四周都是不鏽鋼牆面、空調設備完善的現代化設計，種類五花八門。不過，不論是哪一間酒藏，只要一踏進去，就會感受到與外界截然不同的氣氛。酒藏內的溫度之低、麴室的熱度可能都會令造訪者驚訝。時機剛好的話，還能聽到酒醪槽中傳來酵母發酵時的氣泡聲。

每間酒藏的設備及器材也各有千秋。蒸米器具有木製的、金屬製的；榨酒醪的器材有外型類似手風琴的水平式榨酒機，也有直立式的榨酒槽。看過愈多酒藏，就愈能分出其中差異，感覺更加有趣。可以直接聽到杜氏或藏人的經驗談，是參觀酒藏最吸引人的地方。有機會的話，別忘了問問看，他們在釀酒時會注意哪些環節，或環境、風土對酒的影響，以及水源、水質、原料米等。在這個平日難以接觸到的空間中，能更進一步探索日本酒的並行複發酵之類，令人好奇、引人入勝的地方。

另外，幾乎每間酒藏都會提供釀酒水給遊客飲用。運氣好的話，還能喝到剛榨好的酒或地域限定酒。如果有附設餐廳或咖啡廳，便可悠閒地喝酒、品嘗酒與料理相互襯托的美味，這樣的酒藏更是值得造訪。某些酒藏除了酒及酒糟外，還會販售奈良漬、圍裙、酒器等商品。

在參觀酒藏之前，有幾件事要特別注意。首先是絕對不可以吃納豆！因為納豆菌的生命力非常強，會對酒的味道產生不良影響。甚至光是攪拌納豆，納豆菌就會四處飛散。有些酒藏還會要求不要吃優格或柑橘類水果，請確實遵守每間酒藏訂立的規定。

釀酒都會特地挑選在寒冷的時期進行，酒藏內的溫度相當低，有的地方會有陡峭的階梯或環境較潮濕，建議穿著方便活動、保暖的衣物。由於也常會需要換穿室內鞋，別忘了挑雙容易穿脫的鞋。要穿著清潔的服裝這一點自然不在話下，並且盡量不要化妝、噴香水。

造訪酒藏前請務必預約。有些酒藏平時雖然開放參觀，但有可能臨時有狀況無法接待訪客。因此要記得事先聯絡，並切勿遲到。某些不開放參觀的酒藏，也會有一年一度的「酒藏開放日」。如果有興趣也不妨詢問看看。

造訪酒藏千萬別錯過在地特色酒！

有的酒藏儼然是觀光景點，吸引了外國遊客、年輕女性等大批人潮前來朝聖；有的酒藏則以美味餐點及琳瑯滿目的伴手禮著稱。

山梨銘釀／山梨縣

釀造「七賢」的山梨銘釀僅在11～5月釀酒，工作人員會依釀酒的工序為遊客導覽。在酒藏直營的餐廳「臺眠」，可以吃到使用白州當地的稻米、蔬菜、水果製作的餐點。除了日本酒之外，還有麴醃鮭魚、醬油醃山葵、甘酒、煎酒、米麴等琳瑯滿目的商品。每年3月會舉辦長達9天的酒藏開放日活動，非常受歡迎！氣泡日本酒是搶手的人氣商品。

神戶酒心館／兵庫縣

兵庫縣的日本酒產量居全國之冠，被稱為灘五鄉的神戶、西宮沿岸地方，產量更是傲視群雄。神戶酒心館便是在灘五鄉之一的御影鄉，以釀造「福壽」聞名，並開放參觀與試喝。酒藏用地內有山田錦的稻田、能品嘗日本酒與蕎麥麵的餐廳及日本酒咖啡廳，甚至是能欣賞落語、爵士音樂會的表演廳，遊客在品嘗手工釀造的灘酒之餘，也認識了當地自然環境與酒的歷史、飲食與文化背景等。

開放參觀的酒藏清單 東日本篇

都道府縣	品牌	酒藏	地址	電話號碼
青森	陸奥八仙	八戸酒造	青森県八戸市大字湊町字本町9	0178-33-1171
	八鶴	八戸酒類	青森県八戸市八日町1	0178-43-0010
岩手	南部美人	南部美人	岩手県二戸市福岡上町13	0195-23-3133
	あさ開	あさ開	岩手県盛岡市大慈寺町10-34	019-624-7200
	月の輪	月の輪酒造店	岩手県紫波郡紫波町高水寺字向畑101	019-672-1133
秋田	天の戸	浅舞酒造	秋田県横手市平鹿町浅舞字浅舞388	0182-24-1030
	雪の茅舎	齋彌酒造店	秋田県由利本荘市石脇字石脇53	0184-22-0536
	太平山	小玉醸造	秋田県潟上市飯田川飯塚字飯塚34-1	018-877-5772
	一白水成	福禄壽酒造	秋田県南秋田郡五城目町字下夕町48	018-852-4130
	刈穂	刈穂酒造	秋田県大仙市神宮寺字神宮寺275	0187-72-2311
	福小町・角右衛門	木村酒造	秋田県湯沢市田町2-1-11	0183-73-3155
宮城	浦霞	佐浦	宮城県塩竈市本町2-19	022-362-4165
	一ノ蔵	一ノ蔵	宮城県大崎市松山千石字大欅14	0229-55-3322
山形	東光	小嶋總本店	山形県米沢市本町2-2-3	0238-23-4848
	磐城壽	鈴木酒造店長井藏	山形県長井市四ツ谷1-2-21	0238-88-2224
	米鶴	米鶴酒造	山形県東置賜郡高畠町二井宿1076	0238-52-1130
福島	大七	大七酒造	福島県二本松市竹田1-66	0243-23-0007
	藏太鼓	喜多の華酒造	福島県喜多方市字前田4924	0241-22-0268
	奥の松	奥の松酒造	福島県二本松市長命69	0243-22-2153
茨城	郷乃譽	須藤本家	茨城県笠間市小原2125	0296-77-0152
	渡舟	府中譽	茨城県石岡市国府5-9-32	0299-23-0233
	副將軍	明利酒類（別春館）	茨城県水戸市元吉田町338	029-246-4811
栃木	四季櫻	宇都宮酒造	栃木県宇都宮市柳田町248	028-661-0880
	望・燦爛	外池酒造店	栃木県芳賀郡益子町大字塙333-1	0285-72-0001
	天鷹	天鷹酒造	栃木県大田原市蛭畑2166	0287-98-2107
	開華	第一酒造	栃木県佐野市田島町488	0283-22-0001
群馬	水芭蕉	永井酒造	群馬県利根郡川場村門前７１３	0278-52-2313
埼玉	琵琶のさゝ浪	麻原酒造	埼玉県入間郡毛呂山町毛呂本鄉94	049-298-6010
	清龍	清龍酒造	埼玉県蓮田市閏戸659-3	048-768-2025
千葉	不動	鍋店	千葉県香取郡神崎町神崎本宿1916（神崎酒造蔵）	0478-72-2001
	甲子正宗	飯沼本家	千葉県印旛郡酒々井町馬橋106	043-496-1001
東京	澤乃井	小澤酒造	東京都青梅市沢井2-770	0428-78-8210
神奈川	いづみ橋	泉橋酒造	神奈川県海老名市下今泉5-5-1	046-231-1338
新潟	真野鶴	尾畑酒造	新潟県佐渡市真野新町449	0259-55-3171
	上善如水	白瀧酒造	新潟県南魚沼郡湯沢町大字湯沢2640	0120-85-8520
	八海山	八海醸造	新潟県南魚沼市長森459（第二浩和蔵）	0800-800-3865
山梨	七賢	山梨銘醸	山梨県北杜市白州町台ヶ原2283	0551-35-2236

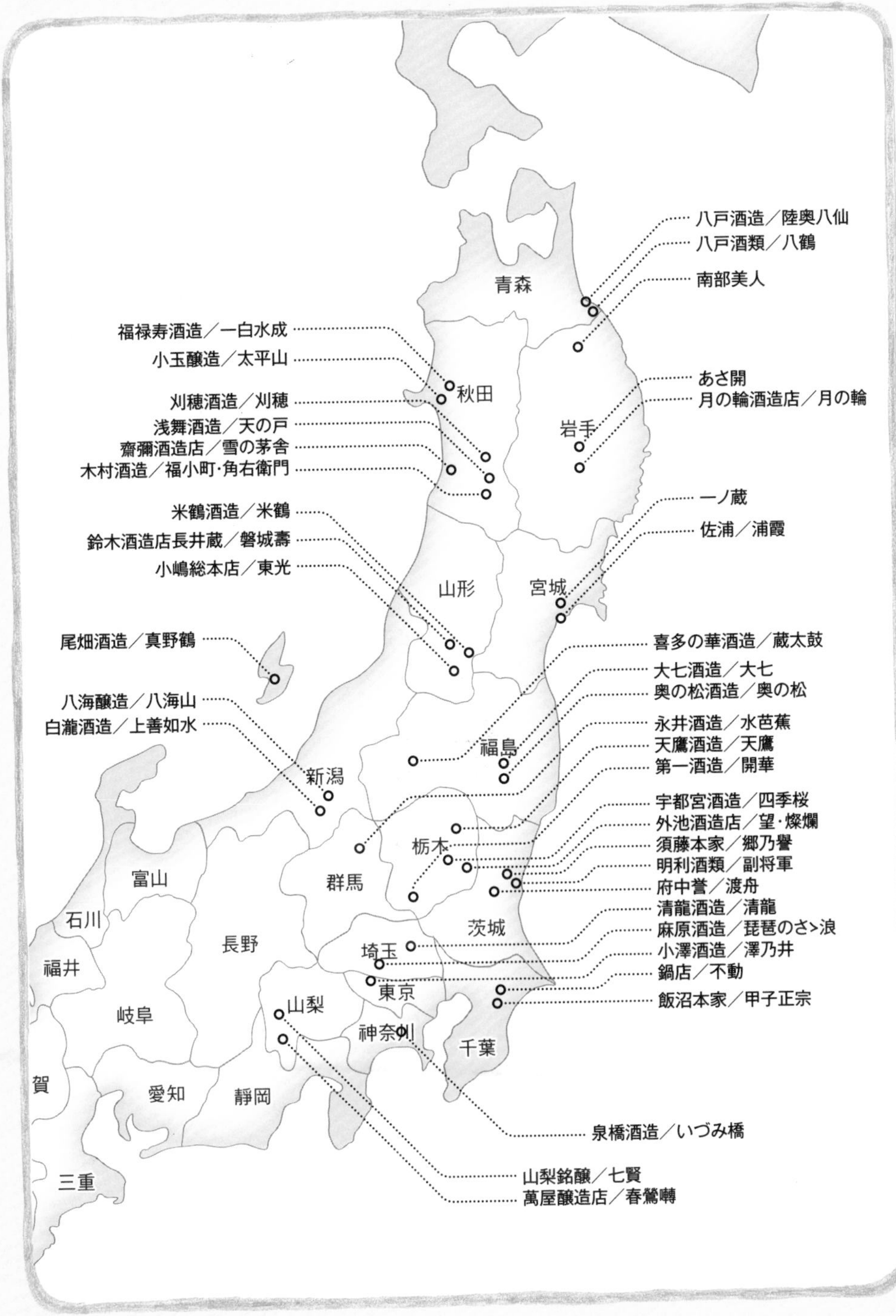
八戸酒造／陸奥八仙
八戸酒類／八鶴
南部美人
青森
福禄寿酒造／一白水成
小玉醸造／太平山
秋田
刈穂酒造／刈穂
浅舞酒造／天の戸
齋彌酒造店／雪の茅舎
木村酒造／福小町･角右衛門
あさ開
月の輪酒造店／月の輪
岩手
一ノ蔵
佐浦／浦霞
米鶴酒造／米鶴
鈴木酒造店長井蔵／磐城壽
小嶋総本店／東光
山形
宮城
尾畑酒造／真野鶴
喜多の華酒造／蔵太鼓
大七酒造／大七
奥の松酒造／奥の松
八海醸造／八海山
白瀧酒造／上善如水
永井酒造／水芭蕉
天鷹酒造／天鷹
第一酒造／開華
福島
新潟
宇都宮酒造／四季桜
外池酒造店／望･燦爛
須藤本家／郷乃譽
明利酒類／副将軍
府中誉／渡舟
清龍酒造／清龍
麻原酒造／琵琶のさゝ浪
小澤酒造／澤乃井
鍋店／不動
飯沼本家／甲子正宗
富山
栃木
群馬
石川
茨城
長野
埼玉
福井
東京
山梨
岐阜
神奈川
千葉
賀
愛知
静岡
泉橋酒造／いづみ橋
山梨銘醸／七賢
萬屋醸造店／春鶯囀
三重

都道府県	銘柄	酒蔵	住所	電話番号
石川	加賀鳶	福光屋	石川県金沢市石引 2-8-3	076-223-1161
	宗玄	宗玄酒造	石川県珠洲市宝立町宗玄 24-22	0768-84-1314
静岡	富士錦	富士錦酒造	静岡県富士宮市上柚野 532	0544-66-0005
愛知	蓬萊泉	關谷釀造	愛知県豊田市黒田町南水別 713（稲武工場（吟釀工房））	0565-83-3601
三重	鈿女	伊藤酒造	三重県四日市市桜町 110	059-326-2020
岐阜	蓬萊	渡邊酒造店	岐阜県飛騨市古川町壱之町 7-7	0120-359-352
滋賀	北島	北島酒造	滋賀県湖南市針 756	0748-72-0012
京都	蒼空	藤岡酒造	京都府京都市伏見区今町 672-1	075-611-4666
	月桂冠	月桂冠	京都府京都市伏見区南浜町 247	075-623-2056
奈良	吉野杉の樽酒	長龍酒造	奈良県北葛城郡広陵町南4	0745-56-2026
兵庫	龍力	本田商店	兵庫県姫路市網干区高田 361-1	079-273-0151
	竹泉	田治米	兵庫県朝来市山東町矢名瀬町 545	079-676-2033
	福壽	神戸酒心館	兵庫県神戸市東灘区御影塚町 1-8-17	078-841-1121
鳥取	千代むすび	千代むすび酒造	鳥取県境港市大正町 131	0859-42-3191
廣島	龍勢	藤井酒造	広島県竹原市本町 3-4-14	0846-22-2029
山口	獺祭	旭酒造	山口県岩国市周東町獺越 2167-4	0827-86-0800
	五橋	酒井酒造	山口県岩国市中津町 1-1-31	0827-21-2177
德島	鳴門鯛	本家松浦酒造場	徳島県鳴門市大麻町池谷字柳の本 19	0120-866-140
高知	司牡丹	司牡丹酒造	高知県高岡郡佐川町甲 1299	0889-22-1211
福岡	若波	若波酒造	福岡県大川市鐘ヶ江 752	0944-88-1225
佐賀	天吹	天吹酒造	佐賀県三養基郡みやき町東尾 2894	0942-89-2001
	天山	天山酒造	佐賀県小城市小城町岩蔵 1520	0952-73-3141
	窗乃梅	窓乃梅酒造	佐賀県佐賀市久保田町大字新田 1833-1640	0952-68-2001
	松浦一	松浦一酒造	佐賀県伊万里市山代町楠久 312	0955-28-0123
	宗政	宗政酒造	佐賀県西松浦郡有田町戸矢乙 340-28	0955-41-0030
熊本	亀萬	亀萬酒造	熊本県葦北郡津奈木町津奈木 1192	0966-78-2001
	瑞鷹	瑞鷹	熊本県熊本市南区川尻 4-6-67	096-357-9671
大分	智恵美人	中野酒造	大分県杵築市南杵築 2487-1	0978-62-2109

- 參觀前請務必透過電話確認、預約。
- 有的酒藏一整年都開放參觀，但也有酒藏每年只開放一次或不定期開放。此外，即使是全年開放參觀的酒藏，仍有可能在釀酒繁忙期不開放參觀。
- 某些酒藏的網站上有參觀預約表單可填寫，或是會列出開放參觀的日期。請以酒藏名稱搜尋、確認。
- 每間酒藏的參觀內容、費用、所需時間、人數限制、有無停車場等各不相同，請記得確認。
- 若打算試喝，或在酒藏附設的餐廳等喝酒，請務必搭乘計程車或大眾交通工具。
- 請務必遵守各酒藏訂立的其他參觀規定。

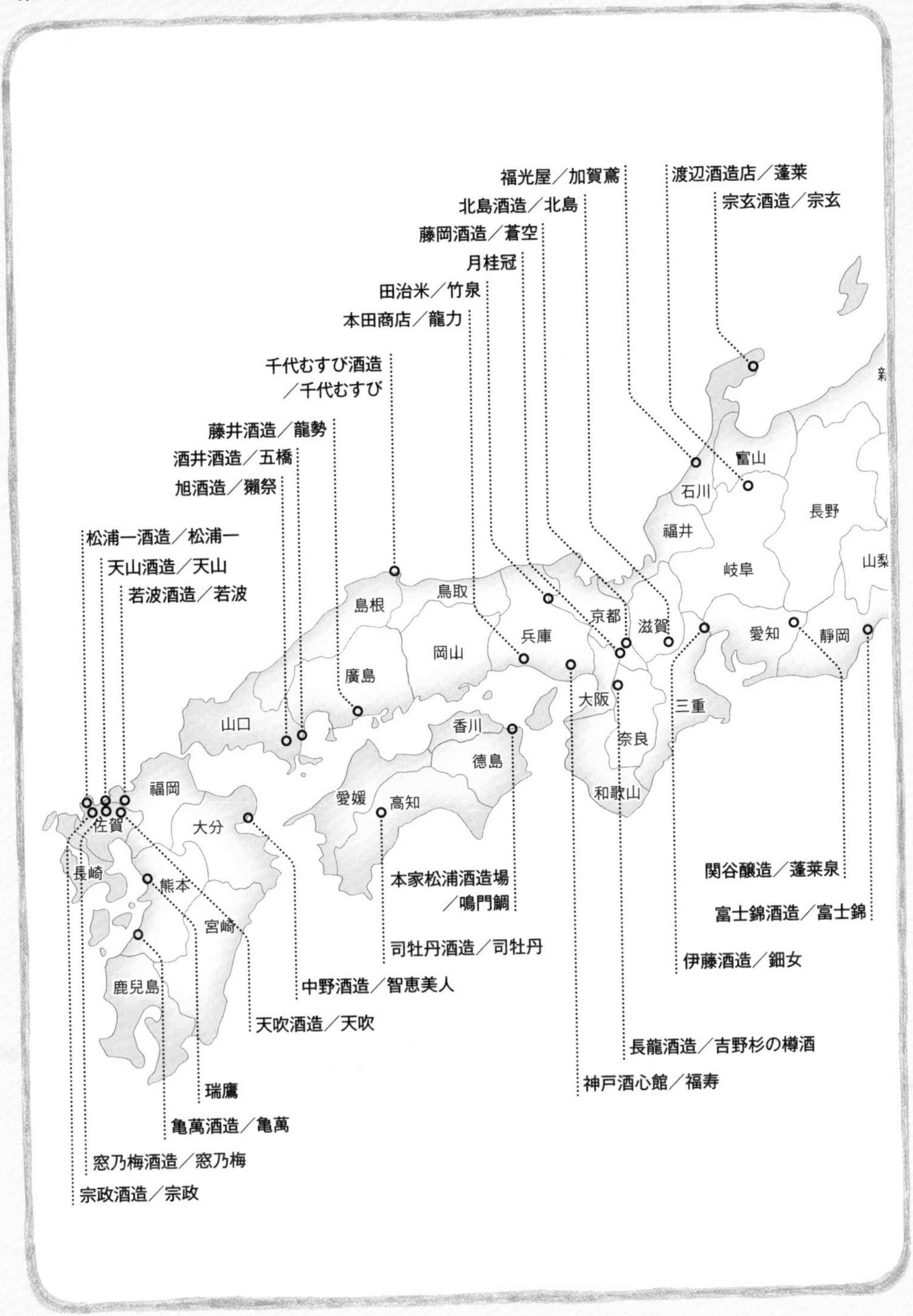
福光屋／加賀鳶
渡辺酒造店／蓬莱
北島酒造／北島
宗玄酒造／宗玄
藤岡酒造／蒼空
月桂冠
田治米／竹泉
本田商店／龍力
千代むすび酒造
／千代むすび
藤井酒造／龍勢
酒井酒造／五橋
旭酒造／獺祭
松浦一酒造／松浦一
天山酒造／天山
若波酒造／若波
富山
石川
長野
福井
岐阜
山梨
島根
鳥取
京都
滋賀
愛知
静岡
兵庫
岡山
廣島
大阪
三重
山口
香川
奈良
德島
和歌山
福岡
愛媛
高知
佐賀
大分
長崎
熊本
宮崎
鹿兒島
本家松浦酒造場
／鳴門鯛
関谷醸造／蓬莱泉
富士錦酒造／富士錦
司牡丹酒造／司牡丹
伊藤酒造／鈿女
中野酒造／智恵美人
天吹酒造／天吹
長龍酒造／吉野杉の樽酒
神戸酒心館／福寿
瑞鷹
亀萬酒造／亀萬
窓乃梅酒造／窓乃梅
宗政酒造／宗政

絕對好喝！作者推薦的63個精選日本酒品牌

日本全國各地有超過千個日本酒品牌，有的很美味，但有的未必如此。即使是好喝的酒，也有高低起伏的時候。或許過去很棒，不過現在卻……（淚），有的酒則剛好相反（笑）。以下列出了適合初學者品嘗的當紅品牌推薦給讀者。當然，除了這些之外，還有非常多可口的美酒。總之，多喝多試準沒錯！

飲用溫度：冷 燗

世界上很少有像日本酒一樣，可以在各種不同溫度下飲用的酒。不論是加冰塊，或喝冷酒、常溫、溫燗、熱燗……以自己喜歡的溫度喝就對了！不過每款酒都有適合、不適合飲用的溫度。以下會就該喝冷酒或燗酒做出建議。

雨後の月
相原酒造（廣島）

廣島吟釀的代表作。完美運用軟水，打造出暢快、紮實的酒。

飲用溫度：冷

秋鹿
秋鹿酒造（大阪）

從種酒米到釀酒全部一手包辦，作風有如法國的葡萄酒莊。喝起來酒體飽滿。

飲用溫度：燗

開運
土井酒造場（静岡）

是静岡縣代表性的酒藏釀造，重視技術的開發與環保，號稱可帶來好運。

飲用溫度：冷

旭菊
旭菊酒造（福岡）

堅持誠實、認真的釀酒風格。在地產無農藥米酒的熱燗口味圓潤鮮美。

飲用溫度：燗

開春
若林酒造（島根）

專注於木桶混料與生酛釀造，喝起來酸味明顯，感覺得到深度。

飲用溫度：燗

東一
五町田酒造（佐賀）

技術高超的著名酒藏，吸引了全國各地的藏人登門造訪。也有耕種山田錦。

飲用溫度：冷

醸し人九平次
萬乘釀造（愛知）

能感受到成熟果實味、氣質、密度。也有使用自家耕種山田錦釀的酒。

飲用溫度：冷

天の戸
淺舞酒造（秋田）

僅釀造純米酒，使用的全是酒藏半徑5km以內的米和水。

飲用溫度：冷

義俠
山忠本家酒造（愛知）

經過熟成的鮮味層層交織，造就深沉滋味。釀造的全是純米酒。

飲用溫度：燗

磯自慢
磯自慢酒造（静岡）

許多人都是因為喝了這款酒而決定投身釀酒業。口味淡雅，餘韻富含深度。

飲用溫度：冷

喜久醉
青島酒造（静岡）

身為釀造栽培家的酒藏主人兼杜氏所精心呈現，口味柔和高貴。

飲用溫度：冷

一白水成
福祿壽酒造（秋田）

位在擁有500年歷史的五城目朝市，釀造秋田的純淨系美酒。

飲用溫度：冷

仙禽
せんきん（栃木）

自行種米、釀造的酒藏。也有採用不添加酵母、木桶生酛等古法釀造的酒。

飲用溫度: 冷

七本鎗
富田酒造（滋賀）

主要使用近江地方的米，精米程度低，展現了出色風味。燗酒十分美味。

飲用溫度: 燗

生酛のどぶ
久保本家酒造（奈良）

以生酛釀造聞名的杜氏帶來的濁酒，熱成燗酒十分美味。「睡龍」也是美酒。

飲用溫度: 燗

惣譽
惣譽酒造（栃木）

使用山田錦並採生酛釀造，口味優雅而帶有美好餘韻。

飲用溫度: 冷

寫樂
宮泉銘釀（福島）

酒藏主人表示「想釀出每個人都會覺得美味的酒」，來自會津地方的日本酒。

飲用溫度: 冷

乾坤一
大沼酒造店（宮城）

憑藉高超的釀酒技術，使用笹錦等食用米釀出口感輕盈的日本酒。

飲用溫度: 冷

大七
大七酒造（福島）

RIEDEL大吟釀酒杯的範本吟釀酒。以生酛的歷史著稱的老字號酒藏。

飲用溫度: 燗

昇龍蓬萊
大矢孝酒造（神奈川）

口感舒暢輕快。在地品牌「殘草蓬萊」也很不錯。也有適合燗酒的酒。

飲用溫度: 冷

黑龍
黑龍酒造（福井）

口味洗鍊而高雅，最適合搭配日本料理，是高級料亭的必備款。

飲用溫度: 冷

大那
菊の里酒造（栃木）

大那為「雄大的那須」之意。致力於推廣在地米，喝起來俐落爽口。

飲用溫度: 冷

神龜
神龜酒造（埼玉）

元祖純米燗酒的宗師級酒藏，用心推廣熟成酒的好味道。陳年酒也很美味。

飲用溫度: 燗

鄉乃譽
須藤本家（茨城）

歷史悠久的酒藏，僅釀造高級純米大吟釀，還使用經DNA鑑定的古代米釀酒。

飲用溫度: 冷

貴
永山本家酒造場（山口）

透明澄澈的美酒。使用源自秋芳洞的中硬水釀造，喝起來清爽具礦物質感。

飲用溫度: 冷

杉錦
杉井酒造（靜岡）

從渾厚的山廢到潔淨的吟釀酒，各種美酒一應俱全。

飲用溫度: 燗

澤姫
井上清吉商店（栃木）

過去以來一直提倡在地酒、全在地原料的理念。IWC 2010冠軍。

飲用溫度: 冷

竹鶴
竹鶴酒造（廣島）

融入了瀨戶內海的在地風土特色。不使用冷卻設備，釀出強勁有力的美酒。

飲用溫度: 燗

墨廼江
墨廼江酒造（宮城）

屬於典型的宮城型酒質，澄澈而純淨，口感舒暢的美酒。

飲用溫度: 冷

而今
木屋正酒造（三重）

帶有明顯的清新香氣，口味鮮明，質地細緻的吟釀。

飲用溫度: 冷

日高見
平孝酒造(宮城)

酒藏位在石卷港，精心釀造出適合搭配新鮮海產、壽司的日本酒。

飲用溫度: 冷

南部美人
南部美人(岩手)

致力推廣在地酒米，在IWC等評鑑會、國外都獲得高度評價。

飲用溫度: 冷

玉川
木下酒造(京都)

來自英國的杜氏釀造濃郁帶有強烈酸味的酒。很適合在夏天加入冰塊飲用。

飲用溫度: 燗

三井の寿
みいの寿(福岡)

美田適合熟成燗酒喝，另外也有帶有蘋果酸風味，採酒渣培養法釀造的冷酒。

飲用溫度: 冷

萩の鶴
萩野酒造(宮城)

萩の鶴以宮城系冷酒的好味道著稱，日輪田的純米燗酒也深受好評。

飲用溫度: 冷

丹澤山
川西屋酒造店(神奈川)

神奈川老字號的純米酒藏，對於推廣在地栽培米「若水」貢獻了許多心力。

飲用溫度: 燗

飛露喜
廣木酒造本店(福島)

主要釀造充滿清新透明感的生酒，是經常賣到缺貨的人氣酒藏。

飲用溫度: 冷

白隱正宗
髙嶋酒造(静岡)

酒藏主人兼杜氏打造適合熟成燗酒搭配晚餐喝，並提倡「蒸燗」的喝法。

飲用溫度: 燗

竹泉
田治米(兵庫)

使用的原料包括了在地環保米。酒的特色為發酵力強，帶有濃郁米味。

飲用溫度: 燗

富久長
今田酒造本店(廣島)

使用八反草釀的日本酒在國外也深受好評。也有推出新酒的酒糟及果實酒。

飲用溫度: 冷

羽根屋
富美菊酒造(富山)

一年四季皆進行釀造，每款酒都如同大吟釀般用心。喝起來感覺華麗豐盈。

飲用溫度: 冷

出羽櫻
出羽櫻酒造(山形)

在IWC每年都名列前茅的實力派酒藏。吟釀酒在美國西岸也十分受歡迎。

飲用溫度: 冷

扶桑鶴
桑原酒場(島根)

以繁複工序仔細發酵，低溫熟成的純米酒熟成燗酒更為美味。

飲用溫度: 燗

春霞
栗林酒造店(秋田)

使用美鄉町六鄉的名水耕種美山錦，釀出爽口的好酒。

飲用溫度: 冷

田酒
西田酒造店(青森)

口味輪廓鮮明紮實，帶有透明感的好酒。

飲用溫度: 冷

滿壽泉
桝田酒造店(富山)

對富山的美食深感自豪的酒藏主人構思出的酒，口味清淨澄澈。

飲用溫度: 冷

日置櫻
山根酒造場(鳥取)

酒藏主人精通稻米，釀造完全發酵型的日本酒。使用固定的在地農家米。

飲用溫度: 燗

鍋島
富久千代酒造(佐賀)

豐富的香氣與潔淨口味深受歡迎。扮演了引領酒藏觀光風潮的角色。

飲用溫度: 冷

悦凱陣
丸尾本店（香川）

濃郁芳醇，熟成後的口感沒有酒可與之匹敵。許多人皆臣服於其美味。

飲用溫度: 燗

山本
山本（秋田）

釀酒水來自白神山地，推出多款引發熱烈討論的日本酒。

飲用溫度: 冷

松の司
松瀬酒造（滋賀）

全數使用契作酒米釀造，並且以在地米為主。口味清爽、帶有透明感。

飲用溫度: 冷

若波
若波酒造（福岡）

經營酒藏的姐弟與杜氏一同研究、釀造出口味鮮明，喝起來滑順潤澤的酒。

飲用溫度: 冷

山和
山和酒造店（宮城）

具備宮城酒風格的舒暢輕盈感與飽滿酒體，讓人食慾大開。

飲用溫度: 冷

明鏡止水
大澤酒造（長野）

使用信州的米與水，釀造出有深度的味道。「勢起」品牌的酒也十分美味。

飲用溫度: 冷

綿屋
金の井酒造（宮城）

對於米非常講究，釀出來的酒潔淨而富含深度。燗酒十分美味。

飲用溫度: 燗

雪の茅舎
齋彌酒造店（秋田）

著名杜氏採用「三無釀造」的技法，任憑酵母自由發揮所打造的原酒。

飲用溫度: 冷

山形正宗
水戸部酒造（山形）

自行耕種酒米的酒藏。以日本數一數二的硬水釀造出爽口的銘刀山形正宗。

飲用溫度: 冷

精選推薦氣泡酒

從瓶內二次發酵的活性濁酒，到無酒渣、灌入碳酸氣體的氣體混入製法氣泡酒等，日本酒的氣泡酒種類五花八門。此外，氣壓高低、甘口或辛口的程度也有琳瑯滿目的選擇，再加上眾多季節限定酒，滿足了各種口味、價格的喜好與需求。這些酒藏的酒喝冷的也同樣美味。

庭のうぐいす
山口酒造場（福岡）

除了深受好評的氣泡酒外，濁酒、清酒、梅酒等各類型的酒都值得一試。

飲用溫度: 冷

七賢
山梨銘釀（山梨）

有活性濁酒、除渣、威士忌桶釀造等3種罕見類型的氣泡酒。

飲用溫度: 冷

新政
新政酒造（秋田）

歷史悠久的協會酵母6號便是源自這裡。走自然路線的純米酒十分受歡迎。

飲用溫度: 冷

ゆきの美人
秋田釀造（秋田）

所有酒都是在清潔的環境中，悉心以蓋麴法釀造而成，不時有新酒推出。

飲用溫度: 冷

獺祭
旭酒造（山口）

以精米步合23%、遠心分離榨酒等技術引領業界潮流的純米大吟釀酒藏。

飲用溫度: 冷

伊勢の白酒
タカハシ酒造（三重）

應用進獻給伊勢神宮的酒使用的技術，打造出「古式二段釀造」的氣泡酒。

飲用溫度: 冷

從米和酒認識日本的計量單位

勺、合、升、斗、石這些日本傳統的計量單位，目前只剩下量米的時候會用到。一般賣米雖然都以公克為單位銷售，但用電子鍋煮飯時，卻是用合來計算分量。那麼，「合」這個單位究竟是怎麼來的呢？

●米的單位

一合＝約180㎖（重量為150g）

一升＝十合

一斗＝十升＝百合

一石＝十斗＝百升＝千合

古時候成人一年會吃掉的米等於一石！

在過去，武士的薪水是以米支付的。當時的參考標準是，成人一年所食用的米量，計算時假設成人一餐吃一合的米。

1餐一合×3餐＝三合

三合×365天＝一千零九十五合

因此，一名成人一年食用的米，大約為一石。收穫一石的稻米，需要面積約一反的農田。像加賀百萬石之類的說法，就是以石的多寡表示一個藩的規模大小，其數量可以和富足豐饒的程度畫上等號。

米與酒的計量單位都和農田脫不了關係。從吃多少數量的米，到武士的俸祿，稻米與日本人的生活密不可分。

烹飪用的量杯1杯為200㎖，不過電子鍋的量杯現在仍是以一合為單位的180㎖，和日本酒的一合一樣多。十合為一升，因此一升瓶的容量是1.8公升。比較小的四合瓶則是180㎖×4＝720㎖。葡萄酒瓶容量為750㎖，與四合瓶幾乎一樣。或許世界各地的人都覺得，這樣的酒瓶大小是最適中的。

●日本酒的單位

一勺＝18㎖

一合＝180㎖

一升＝十合＝1800㎖（1.8公升）

一斗＝十升＝18000㎖（18公升）

一石＝十斗＝180000㎖（180公升）

能買到高品質日本酒的好店家

從店裡的品項可以明顯看出老闆的喜好，某些店還會有同一酒藏推出的不同品牌的酒。也有不少店在試喝服務上十分用心，或是會邀請酒藏主人前來舉辦講座、讀書會。逛實體店面可是很有意思的喔！

店名
地址
☎電話
現在最值得推薦的日本酒品牌

地酒&ワイン　酒本商店　本店
北海道室蘭市祝津町2-13-7
☎0143-27-1111
二世古、旭菊、鷹勇、三井の寿、蘭の舞、花垣、龍勢、竹鶴、獨樂藏、天穏

日本酒ショップ　くるみや
青森県八戸市旭ヶ丘2-2-3
☎0178-25-3825
豊盃、陸奥八仙、赤武、楯野川、角右衛門、阿櫻、松の寿、如空、稲生、六根

まるひろ酒店
秋田県由利本荘市鳥海町伏見字川添52-9
☎0184-57-2022
鳥海山、新政、陸奥八仙、ゆきの美人、春霞、作、阿部勘、阿櫻、山本、出羽の富士

天洋酒店
秋田県能代市大町8-16
☎0185-52-3722
新政、白瀑、ゆきの美人、一白水成、春霞、雪の茅舎、天の戸、刈穂

アキモト酒店
秋田県大仙市神宮寺162
☎0187-72-4047
やまとしずく、刈穂、天の戸、新政、一白水成、山本、神龜、竹鶴、義俠、磐城壽

佐藤勘六商店
秋田県にかほ市大竹字下後26
☎0184-74-3617
新政、ゆきの美人、天の戸、雪の茅舎、春霞、山本、一白水成、飛良泉、鳥海山、まんさくの花

酒屋源八
山形県西村山郡河北町谷地字月山堂684-1
☎0237-71-0890
くどき上手、雅山流、飛露喜、睡龍·生酛のどぶ、天遊琳、秋鹿、悦凱陣、天穏

会津酒楽館　渡辺宗太商店
福島県会津若松市白虎町1
☎0242-22-1076
飛露喜、寫樂、天明、會津娘、口萬、會津中將、廣戸川、山の井、國權、一歩己

IMADEYA　千葉本店
千葉県千葉市中央区仁戸名町714-4
☎043-264-1439
新政、寫樂、山形正宗、風の森、滿壽泉、澤屋まつもと、伯樂星、醸し人九平次、富久長、五人娘

酒のはしもと
千葉県船橋市習志野台4-7-11
☎047-466-5732
扶桑鶴、鯉川、日置櫻、神亀、竹鶴、辦天娘、竹泉、花垣、秋鹿、独楽蔵

金二商事·セブンイレブン津田沼店
千葉県習志野市津田沼6-13-9
☎047-452-0121
愛宕の松、くどき上手、楯野川、あぶくま、尾瀬の雪どけ、作、裏月山、獺祭、川鶴、東一

矢島酒店
千葉県船橋市藤原7-1-1
☎047-438-5203
寶劍、みむろ杉、加茂錦、寫樂、鳳凰美田、賀茂金秀、而今、飛露喜、口万、花陽浴

神田小西
東京都千代田区神田小川町1－11
☎03－3292－6041
車坂、蒼天傳、勝山、龍力、石鎚、雪の茅舎、開運、翠露、利他、惣譽

新川屋　佐々木酒店
東京都中央区日本橋人形町2－20－3
☎03－3666－7662
古伊萬里 前、譽池月、雄東正宗、龍力、羽根屋、綿屋、越前岬、龍勢、一念不動、華姫櫻

鈴木三河屋
東京都港区赤坂2－18－5
☎03－3583－2349
会津娘、王祿、醸し人九平次、喜久醉、木戸泉、而今、冩樂、Nechi、飛露喜、宝剣

伊勢五本店
東京都文京区千駄木3－3－13
☎03－3821－4573
鳳凰美田、新政、村祐、旭興、醸し人九平次、冩樂、澤屋まつもと、獅子の里、ちえびじん、多賀治

はせがわ酒店　亀戸本店
東京都江東区亀戸1－18－12
☎03－5875－0404
伯楽星、冩樂、鳳凰美田、磯自慢、作、澤屋まつもと、雨後の月、東洋美人、酔鯨、三井の寿

出口屋
東京都目黒区東山2－3－3
☎03－3713－0268
磐城壽、羽前白梅、神亀、群馬泉、白隠正宗、杉錦、七本鎗、十旭日、生酛のどぶ、玉川

朝日屋酒店
東京都世田谷区赤堤1－14－13
☎03－3324－1155
伯楽星、陸奥八仙、鮎正宗、玉川、花巴、小左衛門、誠鏡、磯自慢、金澤屋、遊穂

酒のなかむらや
東京都世田谷区給田3－13－16
☎03－3326－9066
獺祭、大信州、くどき上手、黒龍、福田、庭のうぐいす、金澤屋、明鏡止水、白瀑、水芭蕉

升新商店
東京都豊島区池袋2－23－2
☎03－3971－2704
田酒、白瀑、新政、一白水成、ゆきの美人、春霞、雪の茅舎、出羽櫻、冩樂、屋守

大塚屋
東京都練馬区関町北2－32－6
☎03－3920－2335
竹鶴、生酛のどぶ、秋鹿、扶桑鶴、日置桜、いづみ橋、辨天娘、玉川、玉櫻、肥前蔵心

宇田川商店
東京都江戸川区東小松川3－10－20
☎03－3656－0464
正宗、出雲月山、鶴齢、菊姫、洗心、獺祭、七田、龍力、惣譽、蒼穂

リカーポート　蔵家
東京都町田市木曽西1－1－15
☎042－793－2176
一歩己、たかちよ、仙禽、玉川、雑賀、大倉、石鎚、神心、炭屋彌兵衛、花の香

さかや栗原　町田店
東京都町田市南成瀬1－4－6
☎042－727－2655
くどき上手、雨後の月、大信州、羽根屋、冩樂、鳳凰美田、玉川、津島屋、基峰鶴、七本鎗

酒舗まさるや　本店
東京都町田市鶴川6－7－2－102
☎042－735－5141
田酒、赤武、新政、冩樂、山形正宗、加茂錦、澤屋まつもと、宝剣、東洋美人、田中六五

籠屋　秋元酒店
東京都狛江市駒井町3－34－3
☎03－3480－8931
出雲富士、冩樂、新政、一歩己、山和、白鴻、願人、斬九郎、貫、風の森

小山商店
東京都多摩市関戸5－15－17
☎042－375－7026
鼎、射美、一白水成、龍神、花陽浴、あづまみね、花巴、謙信、惠信、屋守

お酒のアトリエ吉祥　新吉田本店
神奈川県横浜市港北区新吉田東5－47－16
☎045－541－4537
宮寒梅、澤屋まつもと、新政、丹澤山、神亀、山形正宗、醸し人九平次、日輪田、大那、紀土

横浜君嶋屋　本店
神奈川県横浜市南区南吉田町3-30
☎045-251-6880
綿屋、若波、醸し人九平次、義侠、花巴、喜久酔、新政、王祿、菊姫、惣誉

秋元商店
神奈川県横浜市港南区芹が谷5-1-11
☎045-822-4534
丹沢山、媛一會、秋鹿、鏡野、松の司、菊姫、奥播磨、風の森、悦凱陣

坂戸屋
神奈川県川崎市高津区下作延2-9-9 MSBビル1F
☎044-866-2005
昇龍蓬莱、萩の鶴、王祿、旭菊、澤屋まつもと、丹沢山、天遊琳、酉與右衛門、奥播磨、長珍

掛田商店
神奈川県横須賀市鷹取2-5-6
☎046-865-2634
響池月、玉川、やまと桜、小左衛門、旭興、王祿、義侠、竹鶴、会津娘、独楽蔵

地酒屋サンマート
新潟県長岡市北山4-37-3
☎0258-28-1488
根知男山、清泉、村祐、越乃雪月花、想天坊、兩關、越乃景虎、菊姫

カネセ商店
新潟県長岡市与板町与板乙1431-1
☎0258-72-2062
六十餘洲、田中六五、而今、山陰東郷、廣戸川、鍋島、奈良萬、あべ、舞美人、文佳人

依田酒店
山梨県甲府市徳行5-6-1
☎055-222-6521
王祿、義侠、七賢、神亀、而今、青煌、竹鶴、獺祭、伯楽星、飛露喜

丸茂芹澤酒店
静岡県沼津市吉田町24-15
☎055-931-1514
白隠正宗、開運、臥龍梅、英君、陸奥八仙、奈良萬、羽根屋、旭菊、土佐しらぎく、上喜元

酒舗よこぜき
静岡県富士宮市朝日町1-19
☎0544-27-5102
磯自慢、田酒、新政、山形正宗、飛露喜、秋鹿、風の森、雨後の月、王祿、悦凱陣

安田屋
三重県鈴鹿市神戸6-2-26
☎059-382-0205
日輪田、竹雀、るみ子の酒、酒屋八兵衛、天遊琳、七本鎗、大治郎、秋鹿、竹泉、十旭日

SAKEBOXさかした
大阪府大阪市此花区高見1-4-52-116
☎06-6461-9297
いづみ橋、白隠正宗、正雪、志太泉、杉錦、櫛羅、生酛のどぶ、日置桜、炭屋彌兵衛、十旭日

山中酒の店
大阪府大阪市浪速区敷津西1-10-19
☎06-6631-3959
喜久酔、旭菊、宝剣、磐城壽、生酛のどぶ、秋鹿、綿屋、王祿、遊穂、天遊琳

三井酒店
大阪府八尾市安中町4-7-14
☎072-922-3875
旦、都美人、車坂、杜の蔵、竹泉、くどき上手、早瀬浦、玉川、開運、鷹勇

谷本酒店
鳥取県鳥取市末広温泉町274
☎0857-24-6781
千代むすび、日置桜、辨天娘、山陰東郷、鷹勇、羽水、神亀、竹鶴

酒舗いたもと
島根県浜田市熱田町709-3
☎0855-27-3883
王祿、伯楽星、竹鶴、開春、磐城壽、辨天娘、扶桑鶴、旭菊、天遊琳、十旭日

ワインと地酒　武田　岡山新保店
岡山県岡山市南区新保1130-1
☎086-801-7650
王祿、新政、白水成、鳳凰美田、荷札酒、吉田蔵、冩樂、花の香、多賀治、大正の鶴

酒商山田　宇品本店
広島県広島市南区宇品海岸2-10-7
☎082-251-1013
雨後の月、賀茂金秀、宝剣、龜齢、貴、王祿、七田、七本鎗、雪の茅舎、豊盃

日本酒用語事典

日本酒

蒸過的米與米麴、水混合後發酵而成的酒，基本原料為米、米麴、水。米與米麴溶於水中形成的粥狀物質稱為酒醪，用布等物品過濾所得到的液體即為日本酒，固形物為酒糟。大廠牌釀造的日本酒在超市、便利商店就能買到；由各地小酒藏釀造的在地酒，則只有在特定酒類專賣店才買得到，而且數量有限。

特定名稱酒相關用語

特定名稱酒

指的是純米酒、純米吟釀酒、純米大吟釀酒、本釀造酒、吟釀酒、大吟釀酒等高級酒。必須使用根據農產物檢查法的標準，評鑑為三等以上的糙米，並符合麴米使用量及精米步合的規定。除此之外的酒為普通酒或合成清酒。特定名稱酒目前有微幅增加的趨勢。

純米酒、純米吟釀酒、純米大吟釀酒

特定名稱酒之中，原料僅有米、米麴與水的酒稱為純米酒。精米時將糙米外層削去四成所釀造的是純米吟釀酒，削去一半以上的則為純米大吟釀酒。一般都將純米大吟釀酒定位為最美味的高級酒。

本釀造酒、吟釀酒、大吟釀酒

原料為米、米麴、水與釀造酒精的特定名稱酒。釀造酒精是發酵甘蔗渣等原料製成的蒸餾酒。依精米步合分類，削去米粒外層三成的是本釀造酒，四成的為吟釀酒，一半以上的則是大吟釀酒。

日本酒分類相關用語

荒走、中取、責

從酒醪榨得的酒液，隨榨出的先後順序有荒走、中取（或中汲）、責等不同稱呼。最初的荒走略呈白色混濁狀，還留有碳酸氣體，口味清新。接著榨出的中取味道最為均衡，有的酒藏直接當作商品銷售。責是最後加壓榨出來的，因此會有澀味及苦味。

酒渣酒、濁酒

帶有白色混濁物的酒，混濁物從稀到濃的種類都有。酒裡的混濁物是酒米溶解所殘留的微粒子等，也就是所謂的酒渣。靜置一段時間的話，酒渣會沉澱，上層變得透明澄澈。一般看起來無色透明的日本酒，便是這上層的部分。榨酒醪時刻意混入酒渣所製成的是稀濁酒或酒渣酒。濃濁酒是在榨酒時先分出濃酒渣，榨完酒後再加入酒中製成的。許多濁生酒都帶有氣泡，銷售時會冷藏。已加熱處理過的濁酒則是常溫販售。

原酒、低酒精原酒

在釀酒的最後階段，從酒醪榨出來，最原始的酒液稱為原酒。原酒的酒精濃度高，味道偏濃。過往釀造的日本酒，酒精濃度都會在17％以上，因此會加水稀釋至15％左右。近年來，由於釀造技術的提升，已經可以釀出酒精濃度15％以下的原酒，稱作為低酒精原酒。這種酒的酒精濃度與葡萄酒差不多，並含有高濃度精華，相當受歡迎。

氣泡日本酒

帶有氣泡的日本酒，可分為三類。一種是瓶內二次發酵型，這是會在酒瓶內進行酒精發酵，產生碳酸氣體的氣泡酒，帶有白色酒渣，必須冷藏運送、貯存。近年來因為技術發達，有了過濾掉酒渣的透明氣泡酒。一般最常見的，則是事後才添加碳酸氣體的低酒精型。

樽酒、枡酒

樽酒是裝在大杉木桶裡的酒，帶有清新的杉木香氣，常見於婚禮等喜慶場合。正規容量為四斗樽，不過也有桶底做得較高的二斗樽，以及裝了不鏽鋼容器的一斗樽。另外還有簡易的保麗龍製酒桶及瓶裝樽酒。枡原本是用於計量的木斗，因為能品嘗到香氣，後來成了有各種大小的喝酒專用容器。喝枡酒時，從邊緣的正中間，而不要從角落喝才是正確喝法。

生酒

酒醪榨出來的酒不經過火入便裝瓶、出貨，這樣的酒稱為生酒，別名生生。生酒喝起來清新舒暢，不過酒質敏感，容易變質，存放時必須阻絕光線並冷藏。

生貯藏酒

酒醪榨出來的酒不經過火入，在生酒狀態下貯藏，裝瓶時才進行火入處理的酒。雖然比不上生酒，但同樣帶有清新風味。多為300㎖瓶裝。近年來因為生酒的冷藏物流更為普遍，有減少的趨勢。

生詰、冷卸

兩種都是經過一次火入的酒。過去日本酒都是貯藏於槽中，在釀好之後與出貨前各進行一次火入處理。原本的冷卸指的是不進行第二次火入，在秋天出貨的酒。由於裝瓶時沒有經過火入，所以也叫作生詰。近年來則有愈來愈多只在裝瓶後進行一次火入的酒，冷卸常常僅單指秋天上市的酒。

口味、香氣等相關用語

胺基酸度

用於表示日本酒的鮮味成分多寡。數字愈大，胺基酸的量愈多，呈現香醇厚重的口味；若數字小，則口味較為淡雅。吟釀酒的胺基酸度偏少。一般認為胺基酸多的純米酒適合熱成燗酒喝。

酒精

在日本酒中占有近兩成比例，使人喝醉的成分，正式名稱為乙醇。酒精同時擁有與油可和諧共存的烴基，以及親水的羥基，可溶於油，也可溶於水。也因為這樣，酒精具有可以讓料理吃起來清爽、不那麼油膩的作用。純米酒的酒精成分，完全是來自米的澱粉。

上立香、含香

品酒時從酒中浮現的香氣稱為上立香，是可以用鼻子聞出來、加以分辨的香氣成分。將酒含在口中時感受到的香氣，則稱為含香。

己酸乙酯、乙酸異戊酯

酯類的一種，為日本酒的香氣成分。酯是酒精與酸的合成物，也可以做為香水的原料，僅需微量，便能讓人感受到豐盈香氣。這兩種成分也是吟釀酒代表性的香氣來源，但接受度相當兩極。

燗酒

指的是加熱過後飲用的酒。往昔的日本酒大多是熱過之後比較好喝，當時還有「涼的酒是窮人喝的」這樣的俗語，形容雖然熱的比較好喝，但因為沒錢而只好喝涼酒的狀況。近年來也有生酛之類乳酸較多的酒，或是精米步合低、口味濃郁的純米酒等，熱過之後更為美味的酒。這種酒就稱為「燗上」。

唎酒

也就是品酒，藉由飲用的方式確認日本酒的味道、香氣優劣。唎酒使用的是唎豬口或玻璃杯，首先觀察色澤及混濁狀態。接著以鼻子聞，判斷香氣的優劣。然後將酒含於口中，確認味道與口中感受到的香氣。從專業評鑑會之類客觀評分，以扣分方式排出名次高低的場合；到個人出於興趣確認酒的口味，各式各樣的狀況都可以用唎酒這個詞來稱呼。

酸度

表示日本酒中酸味多寡的參考數值。酸味愈多，數值愈大。若超過1.5，會感受到強烈酸味。酸味多的酒喝起來會偏向辛口。

日本酒度、甘口、辛口

日本酒度是判斷日本酒為甘口或辛口的參考指標，正值為辛口，若為負值則是甘口。日本酒的成分主要是酒精與糖分，因此酒精多的話會偏辛口，糖分多的話就偏甘口。但要注意的是，有的酒是酒精與糖分兩者皆多的甘辛口酒；有的酒則是兩者皆少，喝起來清麗淡雅，這些特性無法完全以日本酒度表現。過去曾有段時間一般普遍認為辛口日本酒較好喝，最近則稍微有甘口酒流行起來的趨勢。

釀造工作者相關用語

酒藏

釀造日本酒的製造商，日本全國目前約有一千五百間，但這個數量僅有三十年前的一半。由於基本上不會再新發釀造日本酒的執照，因此酒藏數量只會愈來愈少。有些酒藏目前為歇業狀態，所以實際上有在釀造的品牌數更少。記錄上現存最古老的酒藏已創業超過870年。

頭

輔佐杜氏，地位僅次於杜氏的職務。某些酒藏是由杜氏兼任。

●藏人

在酒藏釀酒的人。包括了麴屋、釜屋、船頭等負責各種不同工作的職位。過去禁止由女性擔任。

●藏元

日本酒製造商的老闆、酒藏主人。由於目前已不再核發釀酒執照，基本上藏元都是世襲。也有酒藏每一代的藏元都使用相同名字，將此名號代代相傳下去。

●麴屋

負責製麴者。製麴是釀酒的重要工序，因此這是進行釀酒實務工作的藏人中最重要的職位。

●船頭

負責上槽（榨酒）者。日文中「槽」與「船」同音，因此掌管榨酒的人被稱為船頭。

●杜氏

釀酒的總指揮，據說源自「刀自」一詞。刀自是對女性的敬稱，由此可知釀酒過去曾是女性負責的工作。後來，多雪地區的農家在冬天外出謀生，投入釀酒工作，產生了釀酒的專業團隊。其中，能力最出色的人被稱為杜氏，負責領導團隊。杜氏有許多流派，岩手縣的南部杜氏、新潟縣的越後杜氏、兵庫縣的丹波杜氏為最大的勢力，有三大杜氏之稱。秋田縣的山內杜氏、石川縣的能登杜氏也相當有名。另外也有不離鄉工作，在地深耕的杜氏流派。杜氏制度過去十分興盛，釀酒工作幾乎都是杜氏所率領，來自多雪地帶的農人所包辦。近年來離鄉謀生的情況已經減少，杜氏團隊也趨向高齡化，愈來愈多酒藏的杜氏便是自家員工。杜氏流派也配合時代變遷，發展為鑽研技術的場域。

●酛屋

負責製酒母者，是僅次於麴屋的高階職位。

酒米相關用語

●米、酒米

日本酒的原料。適合食用的米為飯米，適合釀酒的米則稱為酒米，兩者品種不同。越光米是飯米，山田錦則是酒米，煮熟來吃會發現，酒米的味道較淡。酒米的米粒較大，中央有呈現白色混濁狀的部分，名為心白。酒米稻株較高、易倒伏，栽種起來較飯米困難，收穫量也比較少，因此價格昂貴。

●原生種、交配種、突變種

原生種是在自然界發現，未經人為干預的品種。相反地，以人工方式交配培育出的米，則為交配種。受放射線照射而產生突變的米，稱為突變種。代表性的原生種酒米包括了雄町、龜尾、強力、愛國、八反草等。山田錦是以山田穗為母本，短稈渡船為父本孕育出的代表性交配種。絕大多數的酒米皆為交配種。突變種則有美山錦、譽富士等。

●秋田酒小町

秋田縣開發的酒米之中，最成功的品種。米粒大、心白發現率高且蛋白質含量少。能釀出清澈透明、口感舒暢，又帶有高雅甜味的日本酒。

●雄町

相當於山田錦父系根源的原生種，在山田錦出現以前是最受歡迎的品種，現在也很有人氣，有時還是身價最高的酒米。雄町屬於晚生種，稻株較山田錦高，口味濃郁，可釀出酒體飽滿的日本酒。主要栽種地為岡山縣，最初是在鳥取縣大山的山麓所發現。

●強力

於大山山麓發現的原生種，主要在鳥取縣栽種。強力的稻株高，釀出來的酒正如其名，口味強勁剛直。適合熟成之後熱為燗酒飲用，被形容具有樸實穩健的美味。

●五百萬石

新潟縣所開發的酒米，曾是日本產量最高的酒米。由於剛好是在新潟縣的稻米產量超過五百萬石那一年開發出來的，因此命名為五百萬石。以五百萬石釀的酒喝起來舒暢淡雅。

●出羽燦燦

山形縣開發的酒米，適合釀造吟釀酒。常搭配山形開發的麴菌「Oryzae山形」一同使用，再加上山形的軟水，釀出來的酒柔和美味。

●廣島八反、八反錦

皆為廣島代表性的酒造好適米。八反錦是將廣島八反改良得更為大粒、好栽種所誕生的品種。可釀出口感暢快、潔淨的日本酒。

美山錦

高嶺錦品種的酒米經放射線照射而產生的突變種，為長野縣所開發。由於十分耐寒，東北地方也有大量耕種。以美山錦釀的酒喝起來舒暢、潔淨而少雜味。

山田錦

最具代表性的酒米品種，有酒米之王的稱號，兵庫縣為誕生地與主要產地。雖然開發至今已過了八十年，由於能釀出美味日本酒，因此仍具有壓倒性的人氣，耕種面積居所有酒米之冠。山田錦為晚生種，而且稻株高、易倒伏、穀粒易掉落，往往使農家煞費苦心。由釀酒名手來釀造，可打造出上乘佳釀；就算不是頂尖高手，仍能釀出美酒，被形容是不挑人的酒米。不論新酒或老酒皆可口，有萬能的酒米之稱。

發酵相關用語

協會酵母

協會酵母為日本釀造協會收費提供的優良酵母。隨著明治時代引進西方現代科學，該協會分別從兵庫縣的「櫻正宗」與京都府的「月桂冠」採集了1號與2號酵母，3號酵母起則是採集自廣島縣等地。於秋田縣的「新政」採集的6號酵母由於表現極為優異，因此1至5號變得乏人問津。後來的7號酵母是在長野縣的「真澄」採集，9號酵母是從熊本縣的「香露」所採集。到14號酵母為止，都是從酒藏的酒醪採集而來。近年來的酵母，則是為了產生豐富香氣等目的，以人工交配等方式製造出來的。

麴菌、米麴

麴菌別名麴黴，是一種微生物，日文中也稱為豆芽菜。麴菌會製造出糖化酵素，可將米糖化、產生甜味。在蒸熟的米上生出的麴菌為米麴，看起來像是米粒外包覆著白白軟軟的棉花。過去有「一麴，二酛，三釀造」這句話，說明了製麴被視為釀酒中最重要的工序。米麴產生的酵素會將米的澱粉糖化，使米變甜。

酵素

釀酒使用的酵素，是麴菌製造出的蛋白質的一種，會將米的澱粉糖化。酵素常被誤會是一種生物，但其實酵素是無生物。若被加熱到65℃以上，酵素會失去活性，不再有糖化能力。人的唾液中也含有糖化酵素，咀嚼米飯會感覺到甘甜，便是因為這種酵素的作用。

酵母

微生物的一種，屬於單細胞生物。酵母會吃進糖分，製造出酒精與碳酸氣體，是釀酒的關鍵角色。釀酒用的酵母與做麵包用的酵母基本上相同，做麵包是利用酵母產生的碳酸氣體使麵團膨脹；酵母製造出的酒精則是釀酒的主產物。而氣泡酒之類的產品，酒精與碳酸氣體都是來自於酵母。

乳酸

優格、起司、奶油都含有的一種酸。乳酸的殺菌力雖強，唯獨酵母不會被消滅。在日本酒釀造過程中，乳酸不僅防止了雜菌繁殖，也促使酵母進行酒精發酵，扮演了重要角色。

乳酸菌

乳酸菌是製造出乳酸的微生物。直到江戶時代，釀酒所利用的，都還是乳酸菌進行乳酸菌發酵所產生的天然乳酸。在釀造初期藉由天然乳酸發揮殺菌作用，之後再由酵母展開酒精發酵。這種釀造方式稱為生酛釀造或菩提酛釀造。日本酒釀造牽涉到了麴菌、酵母、乳酸菌這三種微生物。到了明治時代，西方科學傳入日本後，發明出不藉由乳酸菌發酵，使用化學合成乳酸進行殺菌的方式，這便是速釀酛。速釀酛在現代仍是釀酒的主流。

釀酒工序與原料相關用語

掛米

蒸熟之後與麴米一同搭配使用，非繁殖麴菌用的米，多半較麴米廉價。麴米與掛米會搭配使用於製酒母及三段釀造的添、仲、留等各種工序。

黃麴、白麴、黑麴

麴菌也有不同種類，釀造日本酒與味噌、醬油的是黃麴，釀燒酎的是白麴、黑麴。近來也出現了使用白麴釀的日本酒。白麴可以製造出過去的日本酒不曾有的檸檬酸，因而讓日本酒得以呈現前所未有的新風味。

生酛、山廢酛、速釀酛

皆為酒母製法的種類。目前市面上絕大多數日本酒都是採用速釀酛，添加了化學合成的乳酸。生酛、山廢酛則是使用乳酸菌進行乳酸發酵製造出的乳酸，可說是未添加合成乳酸的天然釀酒方式。生酛是江戶時代發明的傳統製法，將數種微生物的作用複雜地搭配、組合起來，十分精密巧妙。速釀酛與山廢酛發明於明治時代末期，屬於相對較新的釀酒手法。還有一種較生酛更古老的製法名為菩提酛，同樣是借助乳酸菌發揮的作用。

● 吟釀造

將酒米外層削去超過40%，在較一般進行釀酒更低的溫度下，緩慢發酵的釀酒方式。釀出來的酒多具有舒暢潔淨的高雅滋味，並散發豐富香氣。低溫釀造的好處在於更能抑制雜菌繁殖，呈現潔淨酒質；以及使酵母置身於酷寒的嚴苛環境中，以製造出豐盈香氣等。純米吟釀酒、純米大吟釀酒、吟釀酒、大吟釀酒皆是以吟釀造釀成的。

● 麴米

專供繁殖麴菌的酒米稱為麴米，會左右酒的味道，占日本酒酒米整體約兩成。法律規定特定名稱酒必須使用麴米15%以上。米通常選用較掛米高級的米。

● 三段釀造

製酒醪時，分三次將蒸熟的米、米麴、水添加至事先做好的酒母中，以增加酒母。大致說來，每次增添的量都是原本的兩倍，因此完成三段釀造後，酒母的量會增為十倍以上。第一次添加稱為初添或添，第二次稱作仲添或仲，第三次則是留添或留。初添與仲添之間會休息一天，稱為「踊」。經過了三段釀造，原本酸甜、酒精濃度低的酒母會變化為高酒精濃度的酒。全世界的酒之中，只有日本酒採用這種釀造方式。

● 酒母、酛

酒母也稱作酛，是繁殖了麴菌的麴米，與蒸熟的米、水、酵母混合而成。當麴的酵素與酵母分別進行糖化與發酵後，會產生酒精，並形成味道酸甜濃郁的濃稠粥狀液體，感覺類似濁酒。製酒母是實質釀酒作業的第一道程序，需要約一週至四週時間。

● 上槽

以布等材質過濾酒醪，分離酒與酒糟的作業。不過濾酒醪的酒便是濁酒。釀造濁酒必須有專用執照，僅極少數酒藏具備該執照。

● 釀造酒精

本釀造酒等酒類的原料之一，是一種蒸餾酒。主要以甘蔗製糖後剩餘的甘蔗渣——廢糖蜜製成，價格低廉，是原濃度95%以上的純酒精。一般會視狀況稀釋使用。於酒醪發酵的最終階段添加，可使味道舒暢爽口。

● 釀造年度、BY

也就是Brewery Year。日本酒的年度是從七月一日開始，六月三十日結束，這稱為釀造年度。平成三十年七月一日起，至平成三十一年（令和元年）六月三十日為止釀造的酒會標為30BY。

● 泡米

洗好的米泡在水中吸收水分的程序。泡米的時間多以分鐘為單位，釀造吟釀酒甚至會用到碼表，以秒為單位計時。此外還會根據，米泡水前後的重量比例，以百分之一為單位控制水量。

● 杉木

釀酒器具的主要材料。麴室、麴蓋、麴箱、大小杉木桶等，自古以來的釀酒器具幾乎都是杉木製，杉木與日本酒釀造具有密不可分的關係。近來，杉木桶釀造等歷史悠久的釀造方式重新得到了關注。在國產杉木材不斷消逝的現在，喝日本酒也可為守護林業貢獻一分心力。

● 製麴、麴室

在蒸熟的米上繁殖出麴菌的工序，稱為製麴，這道工序是在名為麴室的密閉房間內進行。麴室是在冬天的酒藏裡，唯一悶熱潮濕，有如熱帶南國般的地方。房間內部大多為杉木牆板，且天花板低矮。麴室四周圍著厚實的隔熱材，門也是又重又厚的隔熱門，並附有墊圈，以防室內空氣散逸。開關門也要使用門閂，有如冷凍庫一般。製麴作業十分炎熱，有的酒藏還會打赤膊進行。

● 精米、精米步合

削磨糙米表面，使其變為白米的作業稱為精米。食用米會將糙米外層削去近10%。而釀酒的酒米，則會削去30%至70%，有時甚至削去80%以上的外層。使用愈接近米粒中心的部位釀酒，日本酒的味道愈是潔淨。米粒在精米後剩餘的比例稱為精米步合，削去10%外層的糙米，精米步合便是90%。

洗米

釀酒作業中將米糠洗去的工序稱為洗米。洗米會用到大量乾淨的水，大部分的酒藏是使用一種類似洗衣機的機器洗米，利用水的渦流攪拌清洗酒米。也有酒藏是將米放進竹篩，泡在冷水裡用手洗。作業比較細膩的酒藏，會以五～十公斤為單位分批洗米。大量釀造的酒藏則是用機器一次清洗幾百公斤的米。

碳過濾

將活性碳放入酒醪中，以吸附、去除香氣及味道，原理與冰箱用的除臭劑相同。碳過濾酒近來有減少的趨勢。

貯藏

酒藏貯藏日本酒的方式大致可分為兩種，分別是瓶貯藏與槽貯藏。瓶貯藏是將酒裝在一升瓶、四合瓶中，槽貯藏則是用容量超過一千瓶一升瓶的大槽存放。瓶貯藏幾乎不會接觸到空氣，味道比較不會產生變化。槽貯藏因為容易接觸到空氣，而有熟成的效果，使味道產生變化。另外，貯藏溫度也從零下到室溫都有，並無單一標準。一般都會配合日本酒的性質挑選貯藏方式。

米糠

精米時產生的稻米粉末。愈接近米粒外層的米糠，顏色愈深。削去糙米最外層約一成的部分得到的米糠，稱為赤糠，繼續削磨下去所產生的米糠依序叫作中糠、白糠、特上糠或特白糠。

火入

榨好的酒以65℃以上的溫度加熱殺菌，使酒的味道趨於穩定所做的處理，稱為火入。進行火入後，酵母、麴菌、乳酸菌等微生物會死去，酵素也會失去活性而不再作用，使酒的口味產生大幅變化的因素都已不存在。日本酒經過了加熱，味道會更為平穩。火入包括了裝瓶之後，整個酒瓶浸到熱水中加熱的瓶火入；以及讓酒流過高溫的管子以進行加熱，然後貯藏於槽中的蛇管火入等方式。一般而言，瓶火入需要仔細的處理，較為費工，被視為高級手法。日本酒在高溫下味道容易因化學變化而生變，目前流行的做法是在火入後盡可能急速冷卻，以及早降溫。

火入次數

瓶火入基本上只進行一次火入，蛇管火入基本上會進行兩次。酒剛榨好後會先火入處理一次，貯藏在槽中的酒要出貨時進行第二次火入，然後裝瓶、出貨。

裝瓶

四合瓶容量為720㎖，除了咖啡色瓶之外，基本上都是一次性使用。一升瓶的容量為1.8公升，幾乎都會回收再利用，較為環保。某些四合瓶會直接在瓶身上做印刷，但一升瓶的回收使用已成常態，因此只會印刷在標籤上。

槽、藪田

槽及藪田都是用來榨酒醪，分離酒與酒糟的裝置。槽的外觀類似小船，從古至今一直有酒藏在使用。槽是直立式的過濾壓榨機，要先以人工將酒醪裝入袋中，然後疊放於槽中，由上方加壓榨酒。藪田則是藉由空氣壓力榨酒的水平式過濾壓榨機。酒醪從輸送到壓榨結束都不需要人工處理，因此是目前主流的榨酒器具。外觀看起來像是大型手風琴。

並行複發酵

麴將米的澱粉糖化，以及酵母藉由糖化產生的糖進行酒精發酵，兩者同時發生的發酵方式。日本酒就是在糖化與酒精發酵有如彼此互相追趕的狀態下釀造出來的。

蒸米

釀造日本酒使的米是用蒸的，而不是煮的。蒸的米較煮的米硬，粒粒分明而鬆散，容易拌開來。另外，水分也比較少，讓麴菌可以順利繁殖。蒸米使用的器具名為甑，是直徑約三公尺的巨大蒸籠，要蒸上約一小時。將米蒸到外硬內軟是最理想的狀態。

酒醪

酒母添加蒸熟的米、米麴、水所稀釋而成。這些材料會在大槽中混合，溶解中的米、酒精與水交雜在一起，使酒醪呈粥狀。隨著發酵進行，約三～四週後便成了日本酒。

日本酒歷史教室 細數日本酒一路走來的軌跡

【日本酒的起源】

日本酒的歷史是從稻米傳入日本開始的。在距今超過三千年的繩文時代，稻作由亞洲大陸傳入日本，經過彌生時代，發展出了水田耕作，釀酒就是從這個時候開始的。中國史書《三國志》的《魏志倭人傳》中也有「日本人嗜酒」的記述。由此可知，早在一千七百年前日本人就已經有喝酒了。

【傳說中的酒】

最早提及日本酒的日本文獻，是奈良時代的《古事記》。書中敘述，須佐之男命為了擊退八岐大蛇，因而釀造出傳說中的「八鹽折之酒」。所謂的「鹽折酒」，是用酒代替釀酒水做為原料所釀的酒，相當於現在的貴釀酒。而「八」為眾多之意，因此「八鹽折之酒」可想成以酒為原料，經過多次反覆釀造，提升了酒精濃度的貴釀酒。須佐之男命便用如此猛烈的酒，灌醉了凶猛的八岐大蛇，將它的八顆頭顱一一砍下，成功擊退了在出雲國作惡多端的大蛇。

【神明與酒】

現存最古老的文字紀錄為《播磨風土記》及《大隅國風土記》。《播磨風土記》中有「祭神的麻糬長出了麴黴而變甜，於是用來釀酒」的記載。酒在當時被視為神明賜與的餽贈。《大隅國風土記》中也提到，祭典時會咀嚼穀物，藉由唾液的糖化酵素使穀物變甜，以此釀酒。

【釀酒的發展與「宮中酒」的起源】

酒在後來變成由神社釀造，釀酒的重心逐漸轉移到了統御神社的宮廷，在宮廷中釀的酒便稱為「宮中酒」。平安時代宮中還有專門負責釀酒的「造酒司」。收錄了各種宮廷禮儀條規的《延喜式》中，詳細記載了「御酒」、「禮酒」、「白酒」、「黑酒」等各種朝廷用酒的釀造方式。

【釀酒普及至平民階層】

在宮廷中以高超技術釀造的酒，原本只有貴族等極少數人喝得到。不過，宮中的釀酒技術後來也流傳到了民間。後來，神社、佛寺也學會了如何釀造高水準的酒，這就是「僧坊酒」的起源。平民則因為祭典等場合，有愈來愈多喝酒的機會，商家也開始釀酒販售，「町家酒」便是由此而來。茨城縣的「鄉乃譽」須藤本家號稱日本最古老的酒藏，文獻記載該酒藏創業於一一四一年，相當於平安時代中期。鎌倉時代幕府曾禁止「町家酒」，還下令打破釀酒用的甕。即便如此，釀酒基本上還是持續不斷地成長下去。

【釀酒工藝的基礎大功告成】

十四世紀前後，奈良縣的菩提山正曆寺建立了現今日本酒釀造的雛形，像是「製酒母」與「三段釀造」、麴米與掛米都經過精米的「諸白」、殺菌以利保存的「火入」等。後來寫成的《御酒之日記》、《多聞院日記》中詳細記載了這些當時最先進的釀酒技術。

【開發木桶與創立酒藏】

建立了卓越的釀酒技術後不久，當時的日本便開發出了劃時代的釀酒器具，那就是以杉木與竹子製成的木桶、竹桶。與過去使用的甕相比，容量更大且輕，不僅能一次釀造大量的酒，也便於運送，因而出現了大型酒藏。當時先有秋田縣的「飛良泉」，隨後則有「劍菱」於兵庫縣創業。另外像一六一五年設立於山形縣的「十四代」高木酒造等，日本有許多已經營超過四百年的酒藏。

【伊丹酒與寒造的確立】

京都到安土桃山時代為止，一直是日本的中樞所在，不僅酒的消費量大，同時也是釀酒重鎮。釀酒業起初在洛內發展，後來轉移至洛外，時至江戶時代，則去到了更遠的伊丹。由於海運等運輸的重要性上升，江戶也取代京都成為更大的消費地。後來，伊丹地方發展出「寒造」的技術。由於雜菌不易繁殖，並可減少釀酒失敗、腐壞，因此幕府也獎勵寒造。原本一年四季都有的釀造作業也轉變為集中在冬季進行。

【灘的興盛與下酒】

伊丹發展出寒造之後不久，灘便發現了宮水，並孕育出生酛釀造的技術。再加上使用六甲山水流進行的精米、海運等因素，灘迅速成為了釀酒業的中心。由樽廻船（運酒船）運至江戶的高品質酒稱為「下酒」，一路上受到小心翼翼的對待。相對地，等級較低的酒則叫作「不下酒」。當時的平民最喜歡祭典和剛上市的新鮮貨，因此貨運船還展開了誰能最快送到新酒的競爭。據說在開始寒造的晚秋時節，運送新酒的「新酒番船」從西宮航行到江戶最快只需要兩天多一點的時間。

【杜氏集團形成】

當寒造常態化，釀酒集中在冬季農閒時期進行之後，形成了北國農民離鄉謀生，投入釀酒業的現象。這些農民會以村子裡優秀的領導者為中心組成團隊，根據能力及經驗指派釀酒時負責的工作，各地因而發展出各具特色的杜氏流派。像是專門配合灘的風土特色釀酒，具備先進技術的丹波杜氏；農閒時期遠赴全國各地，春天回到家鄉後進行技術交流，使一般通用的釀酒技術更加精進的南部杜氏；以及在捕魚淡季外出謀生釀酒的能登杜氏等。

【日本酒與文明開化】

到江戶時代為止，日本人都是在不知道有酵母及麴菌的狀態下，以摸索的方式進行縝密的釀酒作業。明治維新之後，西方科學傳入，讓日本人學會了使用顯微鏡觀察，以及酸鹼滴定等化學分析，因此得以看見酵母、得知乳酸菌製造的乳酸具殺菌作用，了解到日本酒釀造的原理。得到科學新知的助益，對日本酒釀造有更進一步認識後，也就知道該如何做才能釀出更好的酒，業界因此發現了許多釀酒的捷徑。

【酵母的發現】

西方科學對日本酒的第一項貢獻，是採集優質酵母。當時透過顯微鏡發現酒精發酵是因酵母的作用而來，於是開始觀察各式各樣的酵母，希望找出最適合釀酒者。理想酵母的條件是生命力強、不畏雜菌、會產生芳香氣味，以及最重要的——能製造出大量酒精。最先獲選的，是棲息在兵庫縣「櫻正宗」的酒醪的酵母。採集之後進行純粹培養，並提供給全國的酒藏自由使用，這便是協會1號酵母。接下來的2號酵母，則是來自京都府「月桂冠」的酵母。後來又從廣島縣的酒藏採集了3、4、5號酵母。

【山廢酛登場】

生酛及其之前的酒母，是透過乳酸菌的發酵製造出乳酸。乳酸的殺菌作用可消滅雜菌，僅留下耐乳酸的酵母進行酒精發酵。研究出這項機制後，當時的人想出了新的釀酒方法，也就是山廢酛與速釀酛。一九〇九年，釀造試驗場的技師嘉義金一郎發表了山廢酛。由於廢除了生酛釀造中最累人的「山卸」作業，因此叫作「山廢酛」。山廢酛以科學方式檢討製酛工序，取消了以人力將米磨碎的「酛摺」，改成僅憑藉酵素的作用使米溶解。

【速釀酛的誕生】

受惠於自鈴鹿山脈吹來的冷風，以及樽廻船航行至江戶的距離更短，知多半島的釀酒量在江戶時代末期逼近了灘及伊丹。但因鐵路發展落後，到了明治時代後期，釀酒量劇減。當地於是將希望寄託在新的釀酒法「速釀酛」上，以求起死回生。速釀酛不使用乳酸菌，而是添加合成乳酸，縮短了釀造期間。知多的酒藏對試驗場的技師，江田鎌治郎進行的釀造實驗提供了協助。速釀酛在山廢酛的隔年，也就是一九一〇年發表之後，因操作簡便，迅速成為了釀酒的主流。

【協會6號酵母的發現】

在昭和時代初期的全國新酒評鑑會上，來自秋田縣的「新政」連獲佳績，這對於東北地方的日本酒而言十分罕見。「新政」酒醪中的酵母因而引發關注，在採集、培養之後成為了協會6號酵母。這款酵母屬於突變種，與過去在西日本發現的協會酵母並無遺傳上的關聯，在東北的冬季嚴寒之中，仍具有旺盛的發酵力。各地酒藏使用之後發現，6號酵母極為優秀，便不再使用之前的酵母，所以現存的釀酒用酵母中，最古老的就是6號酵母。低溫長期發酵的吟釀造也是藉由這款酵母所建立的，可說是孕育出吟釀酒的功臣。

【發明酒精添加酒】

日本在戰時有許多年輕人被派往滿州，在艱困的生活中，酒成了不可或缺的慰藉。但當地因糧食匱乏而導致原料不足，加上酷寒的氣候會使酒結凍，所以酒的供應出現了短缺。於是，滿州當地開發出了能同時解決稻米不足與結凍問題的釀酒方法，也就是在日本酒的酒醪中添加釀造酒精。隨著糧食匱乏日趨嚴重，這項技術也更加提升，除了酒精之外，甚至還添加糖類、調味料、酸味料，開發出產量增加至原本三倍的「三倍增釀酒」。該技術不僅用在滿州當地，也傳回了深受糧食不足所苦的日本本土，成為釀酒的主流。糧食不足的問題在戰後雖然已得到解決，但因為可以用低成本釀出日本酒，廠商仍持續生產三倍增釀酒。只有酒精添加酒的時代持續了很長一段時間。

【協會7、9、10號酵母的發現】

在終戰前後這段時間，長野縣的「真澄」在新酒評鑑會上接連獲得佳績，因此受到注意。自其酒醪中採集到的，便是7號酵母。這款酵母帶有清爽吟釀香，發酵力也十分旺盛，是紅極一時的吟釀酒用酵母，同時也廣泛使用於其他日本酒的釀造，直至今日仍是用得最多的酵母。後來在一九五三年前後，熊本縣「香露」的酒醪中採集到了9號酵母，具有更勝7號酵母的豐盈吟釀香，成為了吟釀造的標準酵母。到了五〇年代後期，10號酵母登場，因華其麗馥郁的吟釀香、少酸而深受歡迎。

【純米酒復活】

埼玉縣的「神龜」在六〇年代後期釀出了戰後第一款純米酒。日本酒一開始原本就是純米酒，就味道而言，酒精添加酒也遠遠不及純米酒。基於該信念，「神龜」決心挑戰純米酒釀造這項已失傳的釀酒技術。但日本已經很長一段時間都只有釀造酒精添加酒，沒有酒藏具備釀造純米酒的技術，因此只能憑藉文獻及年長藏人的記憶摸索如何進行純米酒釀造。在每年持續釀造的過程中，酒的品質逐漸有了提升，評價一年比一年好。到後來產量愈來愈多，一九八七年時成為了日本第一間全數生產純米的酒藏。

你有過這樣的經驗嗎？品酒的時候很開心地喝了各種不同的酒，
到了隔天，試圖回想某款特別好喝的酒時，

卻無論如何也想不起來……

用手機、相機拍下酒瓶或酒標不失為一個解決的方法，
但最理想的，還是用自己的話留下紀錄，就算只有寥寥數語也無妨。
事後回頭重讀時，當時的情景與滋味會鮮明地浮現腦中。
重點是，先撇開一切艱澀難懂的術語，

用自己的話記下喝了之後的感受。

以文字記錄品牌、酒藏、地區、原料米、精米步合、特定名稱酒，
知道的話也可以加上酵母等細節，另外就是印象及感想。
書寫的過程會幫助你將這些資訊烙印在腦海中。

幫你記住喝了什麼酒！
日本酒品酒紀錄表

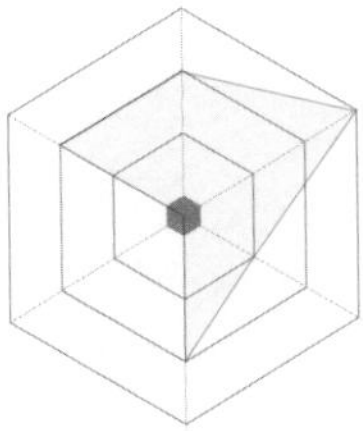

下一頁是本書準備的品酒紀錄表範例。
這個表單大致分為3個項目，
分別是①酒的資料，②對香氣與味道的感受，③印象及感想。
填寫順序端看你的喜好！

●資料

記錄酒標上的資訊，像是品牌、酒藏、酒精濃度、純米酒等特定名稱分類（等級）。酒標上有標示的話，也可以順便記下原料米、日本酒度、杜氏姓名等。事後再補充酒藏的網址、從賣酒的店家得到的實際情報，可以讓你的紀錄更有深度。

●對香氣與味道的感受

透過輪狀表格記錄飲用時感受到的香氣與味道。表格中每一項目皆分為3個等級，圓心處為0，最外圈為3，依感受的強度在相應的位置做記號。若是感受不到，也不用硬要做上記號。

●感想

空白欄位可用簡短的語句寫下對酒的印象或感想，像是「帶有好多氣泡，感覺像來到了藍色珊瑚礁」、「滋味深入五臟六腑的熟成酒。喝起來濕潤又有深度，熱燗的味道超棒！讓人想配烤花枝」、「口感輕盈、酸味爽口！適合搭帶有柑橘味的花枝＆章魚」、「帶有白桃般的甜味！搭白起司很棒」、「彷彿高原上的風」等等。
用自己喜歡的藝術家或明星、人物來比喻，或像「100分！」這樣打分數也都可以。別忘了寫下當時飲用的溫度及酒杯等細節。

品牌 | 等級 | 釀造年度

酒藏		酒精濃度	%	酒米	麴米	掛米	酵母
地區		日本酒度					
杜氏		酸度					
釀酒水		胺基酸度		精米步合	%	%	

FLAVOR WHEEL

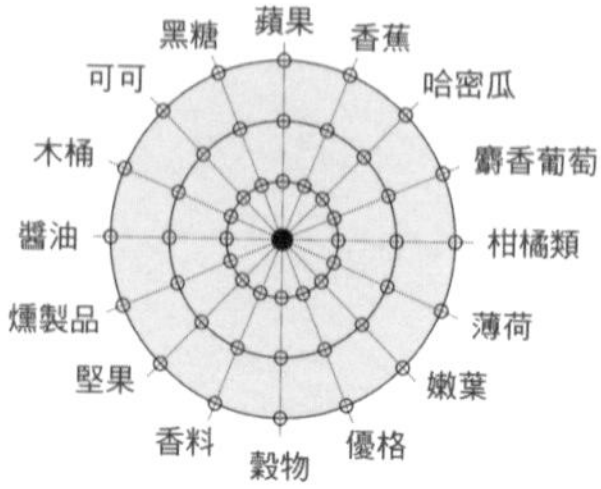

TASTE METER

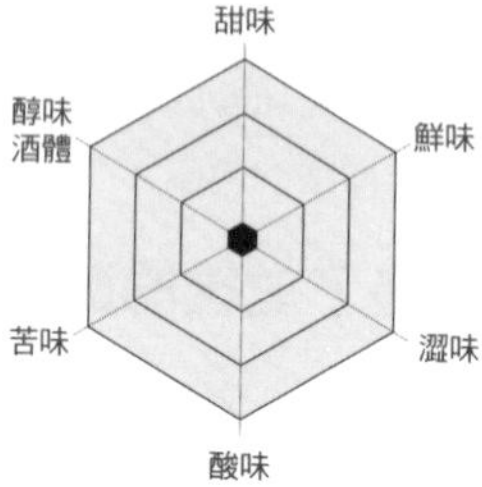

MEMO DATE / /

購入來源
HP:

品牌 | 等級 | 釀造年度

酒藏		酒精濃度	%	酒米	麴米	掛米	酵母
地區		日本酒度					
杜氏		酸度					
釀酒水		胺基酸度		精米步合	%	%	

FLAVOR WHEEL

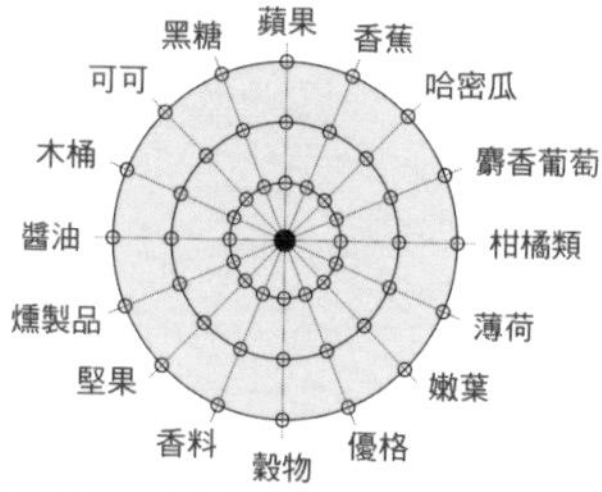

TASTE METER

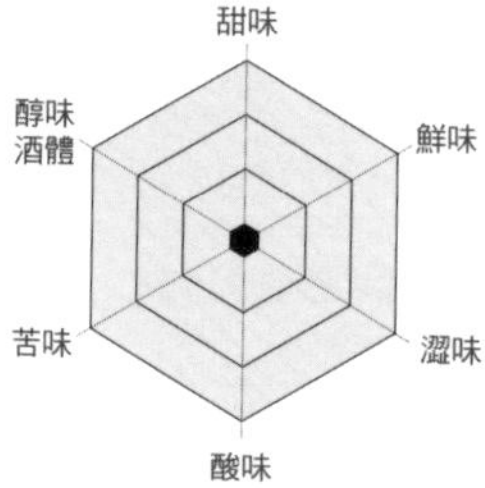

MEMO DATE / /

購入來源
HP:

品牌 | 等級 | 釀造年度

酒藏		酒精濃度	%	酒米	麴米	掛米	酵母
地區		日本酒度					
杜氏		酸度					
釀酒水		胺基酸度		精米步合	%	%	

FLAVOR WHEEL

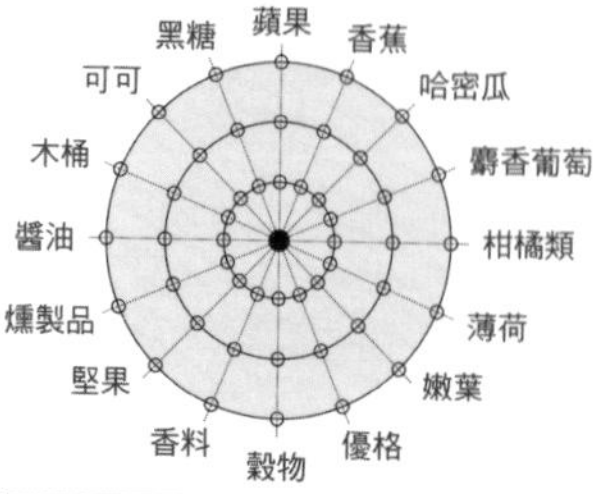

TASTE METER

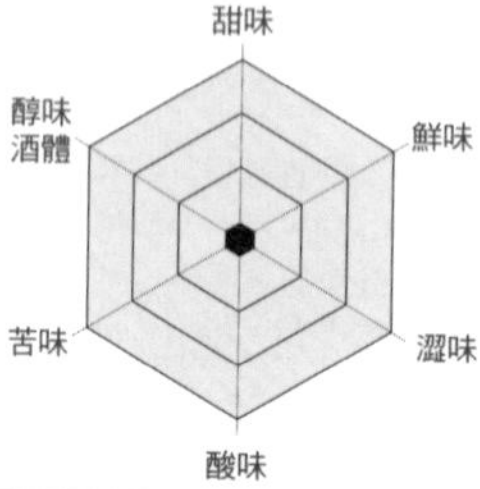

MEMO DATE / /

購入來源
HP:

Tasting Sheet

品牌　等級　釀造年度

酒藏		酒精濃度	%	酒米	麴米	掛米	酵母
地區		日本酒度					
杜氏		酸度					
釀酒水		胺基酸度		精米步合	%	%	

FLAVOR WHEEL

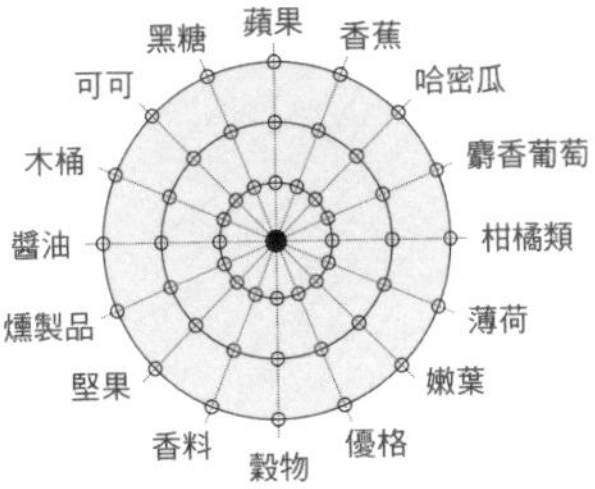

TASTE METER

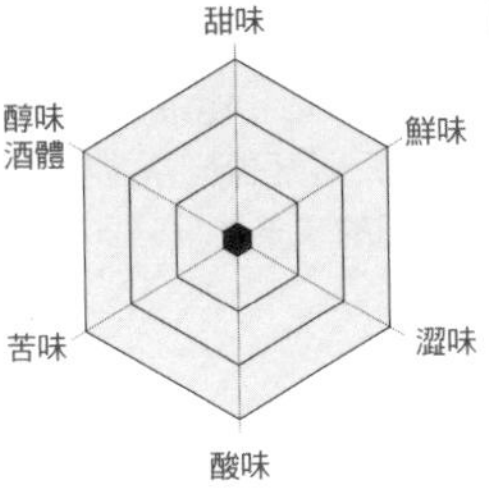

MEMO　DATE　/　/

購入來源
HP:

品牌　等級　釀造年度

酒藏		酒精濃度	%	酒米	麴米	掛米	酵母
地區		日本酒度					
杜氏		酸度					
釀酒水		胺基酸度		精米步合	%	%	

FLAVOR WHEEL

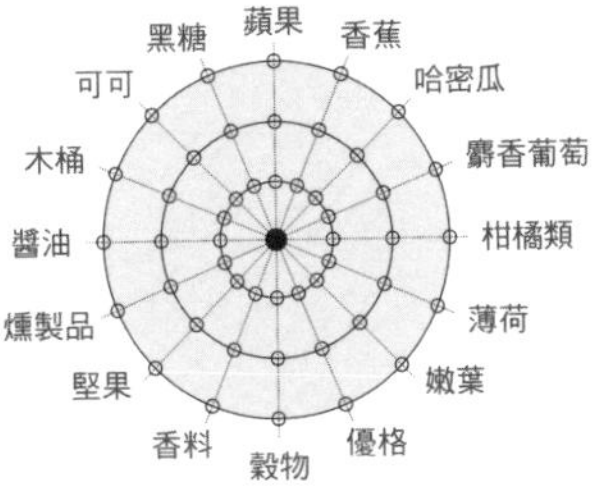

TASTE METER

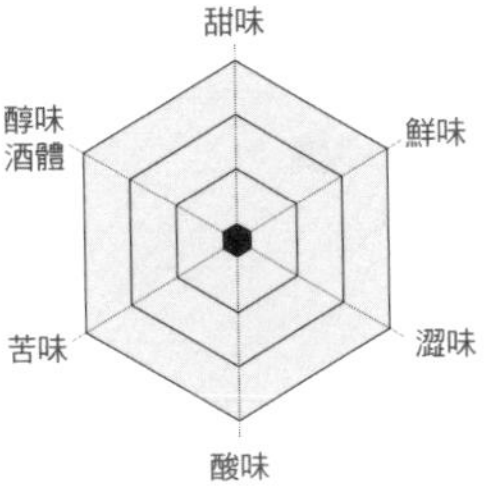

MEMO　DATE　/　/

購入來源
HP:

品牌　等級　釀造年度

酒藏		酒精濃度	%	酒米	麴米	掛米	酵母
地區		日本酒度					
杜氏		酸度					
釀酒水		胺基酸度		精米步合	%	%	

FLAVOR WHEEL

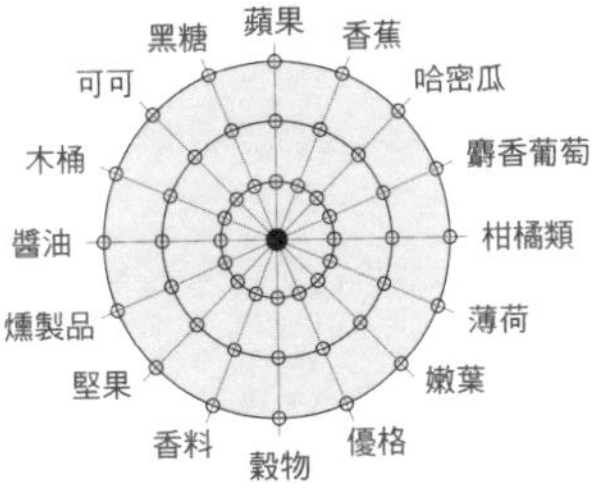

TASTE METER

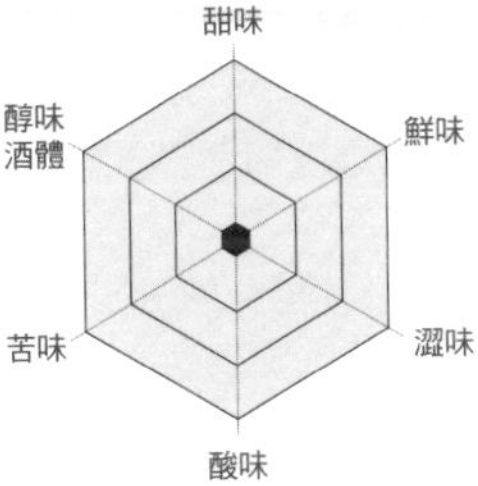

MEMO　DATE　/　/

購入來源
HP:

山本洋子

專業酒食記者、地域美食品牌顧問

出生於鬼太郎的故鄉──鳥取縣境港市。曾擔任素食、養生飲食、糙米雜糧、蔬菜、傳統發酵調味料、米酒雜誌總編，人生志業為「讓世人認識埋沒在鄉間的日本瑰寶」。提倡「高品質純米酒能將日本稻米的價值發揮至極致」＋力行穀物、蔬菜、魚、發酵食品、身土不二、一物全體的飲食生活。以地域美食品牌顧問、純米酒&下酒菜講座講師、專業酒食記者的身分活躍於日本各地。境港FISH大使。著有《純米酒BOOK》、《嚴選日本酒手帖》、《嚴選紅茶手帖》。座右銘是「一天一合純米酒！用熱燗開創農田的未來！」。

www.yohkoyama.com

圖解日本酒入門

出　　版／楓書坊文化出版社
地　　址／新北市板橋區信義路163巷3號10樓
郵政劃撥／19907596　楓書坊文化出版社
網　　址／www.maplebook.com.tw
電　　話／02-2957-6096
傳　　真／02-2957-6435
著　　者／山本洋子
翻　　譯／甘為治
責任編輯／謝宥融
內文排版／洪浩剛
港澳經銷／泛華發行代理有限公司
定　　價／320元
初版日期／2019年10月

國家圖書館出版品預行編目資料

圖解日本酒入門 / 山本洋子作 ; 甘為治譯. -- 初版. -- 新北市 : 楓書坊文化, 2019.10　面 ;　公分

ISBN 978-986-377-535-5 (平裝)

1. 酒　2. 日本

463.8931　　108014557